भूकम्प

हरिनारायण श्रीवास्तव

राजकमल प्रकाशन

ISBN : 978-81-267-0423-1

मूल्य : ₹250

दूसरा संस्करण : 1989
आवृत्ति : 2013

प्रकाशक : राजकमल प्रकाशन प्रा. लि.
1-बी, नेता जी सुभाष मार्ग, दरियागंज
नई दिल्ली-110 002
शाखाएँ : अशोक राजपथ, साइंस कॉलेज के सामने, पटना-800 006
पहली मंजिल, दरबारी बिल्डिंग, महात्मा गांधी मार्ग, प्रयागराज-211 001
1, अनमोल सोराबजी संतुक लेन, धोबी तलाव, मरीन लाइंस, मुम्बई-400 002

वेबसाइट : www.rajkamalprakashan.com
ई-मेल : info@rajkamalprakashan.com

मुद्रक : बी.के. ऑफसेट
नवीन शाहदरा, दिल्ली-110 032

BHUKAMP
by Dr. H.N. Srivastava

प्रस्तावना

मानव-जाति भूकम्पों से आदिकाल से ग्रस्त-त्रस्त होती रही है। पिछली सदी से भूकम्प-विज्ञान के विकास के साथ-साथ जनसाधारण की जिज्ञासा भी तीव्र होती जा रही है और हमारे मस्तिष्क में इस प्रकार के अनेक प्रश्न उठते हैं—भूकम्प है क्या ? यह किन परिस्थितियों में विध्वंसक हो जाता है ? क्या इनसे बचने का कोई उपाय है ? आदि-आदि। मेरी पुस्तक का मुख्य ध्येय इन प्रश्नों का समुचित समाधान प्रस्तुत करना है। यद्यपि यह विषय भौतिकी व गणित के मूल सिद्धान्तों पर आधारित है, पर इसमें दिये गये अधिकांश विवरण हायर सेकेण्डरी के विद्यार्थी भली भाँति समझ सकते हैं। इनके अतिरिक्त विश्वविद्यालय के विद्यार्थियों, भूविज्ञानियों, भूगोल एवं भौतिकी के प्राध्यापकों एवं इंजीनियरों के लिए भी यह पुस्तक मार्ग-निर्देशिका का कार्य करेगी।

२६ जनवरी, २००१ की सुबह, गुजरात में आए भूकम्प से कुछ ही क्षणों में बहुत बड़ा क्षेत्र मलबे के ढेर में बदल गया। इसका उत्केन्द्र भुज से लगभग ३० किलोमीटर उत्तर-पूर्वी दिशा में था। अंजार, भजाउ, भुज, गांधीधाम आदि इलाकों में जबरदस्त तबाही हुई। अहमदाबाद जो लगभग उत्केन्द्र से ३०० किलोमीटर दूर था, वहाँ भी काफी जान-माल की क्षति हुई। इस भूकम्प से २०,००० से अधिक लोगों की मृत्यु का अनुमान है। इसका प्रमुख कारण है मकानों का ढहना। निर्माण-कार्यों में यदि भूकम्परोधी तकनीकों का प्रयोग किया जाता, तो जान-माल की काफी कम क्षति होती। आम नागरिक को भूकम्प के विषय में जानकारी होना आवश्यक है जिससे बचाव और राहत कार्यों में सहायता प्राप्त की जा सके।

इस पुस्तक के प्रथम अध्याय में भूकम्प के इतिहास का विवरण है जिसमें भारत के ऐतिहासिक भूकम्पों की सूची तैयार करने के क्रम में जनता के सहयोग की ओर ध्यान दिलाया गया है। दूसरे अध्याय में संसार के बड़े-बड़े भूकम्पों के प्रभावों व भूकम्पीय तीव्रता के मापक्रम का विवरण है। तीसरे अध्याय में विश्व के उन बड़े भूकम्पों का वर्णन है जिनका अध्ययन एक विशेष दृष्टिकोण से किया गया था। चौथे अध्याय में भूकम्प की पट्टियों, उनकी संख्या एवं भूकम्पनीयता का विस्तृत वर्णन है। भूकम्प क्यों आते हैं और भारत व उसके आसपास के क्षेत्रों में भूकम्पों के आने के क्या कारण हैं, यह सब पाँचवें अध्याय में बतलाया गया है। छठे अध्याय में भूकम्पीय तरंगों के विषय में बताया गया है तथा उनके उपयोग की जानकारी दी गयी है। भूकम्पलेखी के सिद्धान्त और भूकम्प उत्केन्द्र आदि निकालने की विधि का वर्णन सातवें व आठवें अध्याय में किया गया है। पृथ्वी की आन्तरिक बनावट का विवरण नवें अध्याय में दिया गया है। कोयना भूकम्प के बाद जनसाधारण में यह चर्चा होती रही है कि कहीं नदी के ऊपर बने बाँध में पानी भर जाने से तो भूकम्प नहीं आने लगते हैं ? इस प्रश्न पर दसवें अध्याय में विचार किया गया है। भूकम्प-विज्ञान द्वारा नाभिकीय विस्फोटनों का पता लगाने की विधि आदि का विवरण ग्यारहवें अध्याय में प्रस्तुत है। बारहवें अध्याय में भूकम्प-पूर्वानुमान की युक्तियों का वर्णन है। तेरहवें अध्याय में चन्द्र-कम्प विज्ञान द्वारा चन्द्रमा एवं मंगल के आन्तरिक भागों का विवरण दिया गया है तथा विभिन्न ग्रहों के विषय में ज्ञान प्राप्त करने की ओर ध्यान दिलाया गया है। भारत में भूकम्प-विज्ञान की प्रगति एवं अन्तर्राष्ट्रीय सहयोग के बारे में अन्तिम अध्याय में प्रकाश डाला गया है। परिशिष्ट में प्रमुख भूकम्पों की सूची दी गयी है।

मेरा विश्वास है कि यह पुस्तक हमारे देश में चल रही इस विषय से सम्बद्ध वैज्ञानिक गतिविधियों के विकास में सहायक सिद्ध होगी। पुस्तक लेखन-क्रम में भाषा-सम्बन्धी सुझावों के लिए मैं अपनी स्वर्गीय पत्नी श्रीमती ओम श्रीवास्तव के प्रति आभार व्यक्त करते हुए इस पुस्तक को उनको समर्पित करता हूँ।

–हरिनारायण श्रीवास्तव

विषय-क्रम

भूकम्प एवं भूकम्प-विज्ञान

भूकम्प एवं पौराणिक कथाएँ

भूकम्प आदिकाल से ही आते रहे हैं, परन्तु जिन देशों में इनका भयंकर प्रकोप होता रहा है, वहाँ पर इनके विषय में कुछ-न-कुछ कथाएँ प्रचलित हैं। भारत में यह लोकधारणा रही है कि पृथ्वी शेषनाग के फन पर स्थित है तथा उसी के हिलने से भूकम्प आते हैं। साइबेरिया के कमचटका नामक प्रदेश में लोगों का विश्वास है कि कोसई नामक एक बड़ा कुत्ता जब अपने फरवाले बालों को झटकता है तब भूकम्प आते हैं। जापान में यह मत है कि पृथ्वी एक बहुत बड़े मकड़े पर स्थित है जिसके कभी-कभी चलने-फिरने से भूकम्प आते हैं। ग्रीस के गणितज्ञ पैथागोरस का विश्वास था कि जब मृतक पुरुष आपस में लड़ते हैं तो भूकम्प आते हैं। उसके बाद ग्रीस के अरस्तू नामक दार्शनिक ने नया मत प्रकट किया। इनके अनुसार पृथ्वी के भीतरी भागों से गैसों का बाहर निकलना ही भूकम्प का कारण है। कुछ यूरोपीय देशों के पादरियों का यह भी विश्वास था कि भूकम्प का कारण पृथ्वी पर पाप का बढ़ना है। सेलीबीस द्वीपों के कोरो क्षेत्र में इस प्रकार की एक मनोरंजक कथा प्रचलित है:

"मारादिका पुट्टू को, जो पृथ्वी की आत्मा है, स्वर्ग के देवता एलाटाला

नें पृथ्वी के अन्दर बैठने और जब-तब उसको हिलाते रहने के लिए कहा जिससे कि लोग एलाटाला को नहीं भुला सकें। मारादिका पुद्दू के सामने एक पानी-भरा प्याला रखा रहता है। जब वह इस प्याले के ऊपर अपनी छोटी उँगुली रखता है, तब छोटे भूकम्प आते हैं। जब वह अंगूठा प्याले पर रखता है तो पृथ्वी जोर-जोर से हिलने लगती है और बड़े भूकम्प आते हैं। जैसे ही लोग भूकम्प महसूस करते हैं, वे चिल्ला-चिल्लाकर कहते हैं कि हे भगवान, हम लोग यहाँ पर हैं। तुरन्त ही वे लोग अपने-अपने घरों से बाहर निकल पड़ते हैं और कुत्तों और सूअरों को मारना शुरू कर देते हैं जिससे वे भी खूब चिल्लाते हैं। इनकी आवाज़ सुनकर दैवी आत्मा जान जाती है कि लोग अभी भी पृथ्वी पर रहते हैं और चाहते हैं कि मारादिका पुद्दू उसको हिलाना बन्द कर दे।"

भूकम्प के इतिहास का अध्ययन करने पर यह स्पष्ट हो जाता है कि मुख्यतः इन्हीं देशों की जनता बड़े-बड़े भूकम्पों से हताहत होती रही है।

भूकम्प का इतिहास एवं सूची

भूकम्प का विषय उतना ही पुराना है जितनी कि पृथ्वी, परन्तु हम इसके प्राचीन उल्लेखों से अनभिज्ञ हैं। प्राचीन उल्लेखों के अनुपलब्ध होने के कई कारण हो सकते हैं। हो सकता है कि तत्कालीन राजनैतिक एवं सांस्कृतिक उथल-पुथल के कारण उन्हें लिपिबद्ध न किया जा सका हो अथवा यह भी हो सकता है कि वे ऐतिहासिक प्रमाण नष्ट हो गये हों। भूकम्प का प्रथम प्रामाणिक उल्लेख हमें ईसा से ३७३ वर्ष पूर्व ग्रीस में मिलता है। इसके बाद ८१८ ई० से जापान में भूकम्पों का उल्लेख प्राप्त होता है। चीन में पिछले तीन हज़ार वर्षों का इतिहास उपलब्ध है। वहाँ २३ जनवरी १५५६ को हुए भूकम्प में लगभग साढ़े आठ लाख व्यक्तियों की मृत्यु का उल्लेख है जो विश्व में एक रिकार्ड है।

भारत में भूकम्प-विषयक इतिहास मुख्यतः २०० वर्षों का ही उपलब्ध है। इससे पहले ८०० से १३०० ई० के बीच हुए बहुत ही कम भूकम्पों की सूची प्राप्त है। भारतीय भूकम्पों की प्रथम सूची तैयार करने का मुख्य श्रेय डॉ० टी० ओल्डम को है जो भारत के भू-विज्ञान विभाग के

महानिदेशक थे। उन्होंने १८६७ ई० तक के भूकम्पों की एक सूची तैयार की थी। इसके बाद १९७१ तक के भूकम्पों की एक सूची भारत मौसम विज्ञान विभाग के प्रथम निदेशक डॉ ए० एन० टण्डन एवं इन पंक्तियों के लेखक ने एक पुस्तक[1] में प्रकाशित की है। इसमें ५.० से अधिक परिमाण के लगभग सभी भूकम्प सम्मिलित किये गये हैं।

भूकम्प के इतिहास के अध्ययन की उपयोगिता एक उदाहरण द्वारा स्पष्ट हो जाती है। १० दिसम्बर १९६७ को दक्षिणी भारत में पूना के निकट कोयना क्षेत्र में एक भूकम्प हुआ। वहाँ इतने बड़े भूकम्प की आशंका पहले नहीं थी। उसी बात को ध्यान में रखकर भारत मानक संस्थान ने एक भूकम्पीय कटिबन्ध मानचित्र (सीस्मिक ज़ोनिंग मैप) प्रकाशित किया जिसमें कोयना को क्षेत्र II में रखा गया। इस विध्वंसक भूकम्प के बाद पूना विश्वविद्यालय के प्रोफेसर केलकर ने पेशवा के समय के पुराने ग्रन्थों का अध्ययन करके एक मराठी समाचारपत्र में १७६४ के एक भूकम्प का उल्लेख किया जो कोयना भूकम्प से मिलता-जुलता था। यदि हम लोगों को इस ऐतिहासिक भूकम्प का पहले से पता लग गया होता, तो हमारे विचार उस क्षेत्र की भूकम्पनीयता के विषय में दूसरी तरह के होते। १९६७ के कोयना भूकम्प के बाद ही भारत मानक संस्थान को भूकम्पीय कटिबन्ध मानचित्र में परिवर्तन करने पड़े। इससे स्पष्ट होता है कि प्राचीन इतिहास का अध्ययन करके भारतीय भूकम्पों की सूची को विस्तृत करना कितना आवश्यक है। कोयना भूकम्प के बाद ही संयुक्त राष्ट्र के वैज्ञानिक एवं सांस्कृतिक संगठन ने भारतीय पठार में भूकम्पों की सूची तैयार करने के लिए सुझाव दिया। इस दिशा में भारत मौसम विज्ञान विभाग 'हिन्दू', 'स्टेट्समैन' एवं 'टाइम्स आफ इण्डिया' जैसे पुराने समाचारपत्रों के द्वारा एक विस्तृत सूची तैयार कर रहा है।

अभी हाल में भारत भूविज्ञान विभाग के श्री बी० एम० हुक्कू एवं श्री पी० एम० जलोटे ने मध्यप्रदेश से बस्तर क्षेत्र के पुराने मन्दिरों के अवशेषों का अध्ययन करके यह अनुमान लगाया है कि वहाँ बारहवीं या

---

१. अर्थक्वेक इंजीनियरिंग (जयकृष्ण वाल्यूम), सरिता प्रकाशन, मेरठ

तेरहवीं शताब्दी में ६·५ परिमाण का एक भूकम्प हुआ था। भूकम्पीय कटिबन्ध मानचित्र के अनुसार बस्तर में अधिकाधिक तीव्रता पाँच तक पहुँच सकती है जबकि इस ऐतिहासिक भूकम्प की तीव्रता आठ से नौ के बीच जा पहुँची थी। भूकम्पीय तीव्रता के मापक्रम के विषय में अगले अध्याय में बताया जायेगा।

ऐतिहासिक ग्रन्थों से सूची तैयार करने में लन्दन के इम्पीरियल साइंस कालेज के प्रोफेसर डॉ० एन० एन० अम्ब्रेसिस का प्रमुख योगदान रहा है। इन्होंने विभिन्न भाषाओं के प्राचीन ग्रन्थों का अध्ययन कर-कराकर ईरान एवं अफगानिस्तान के भूकम्पों की एक बड़ी सूची तैयार की है। इसके लिए कभी वे इतिहासकारों की सहायता लेते हैं और कभी विभिन्न भाषाओं के विद्वानों से। इन विषयों के विशेषज्ञ भारतीय भूकम्पों के विषय में सूचना एकत्रित करने में प्रमुख सहायता कर सकते हैं।

भूकम्प-विज्ञान

यद्यपि ईसा से १८०० वर्ष बाद तक भूकम्पों के प्रभावों पर आधारित बहुत-सी सामग्री उपलब्ध है, परन्तु उनमें कई तथ्यों का वैज्ञानिक दृष्टिकोण से विशेष महत्त्व नहीं है। १८वीं सदी के बीच से ही अधिकतर उपयुक्त विवरण प्राप्त होते हैं। इस प्रकार १ नवम्बर १७५५ के लिस्बन भूकम्प का विस्तारपूर्वक अध्ययन किया गया। इसके बाद ही विशेष आयोगों द्वारा १७८३ ई० में हुए कैलब्रिया (इटली) के भूकम्प का भी अध्ययन हुआ। यहाँ स्पष्ट करना आवश्यक है कि भूकम्पीय यन्त्रों का आविष्कार उन्नीसवीं शताब्दी में ही सम्भव हुआ। अतः इससे पहले के भूकम्पों का विवरण उनके प्रभावों पर ही आधारित है। उदाहरण के लिए—मकान व पुल आदि कितने और किस प्रकार नष्ट हुए? पृथ्वी कितना नीचे धँसी अथवा फट गयी? आदि।

१८८० ई० से पूर्व कुछ भूकम्प-सूचकों का उल्लेख चीन में पाया जाता है, परन्तु इसी वर्ष इंगलैण्ड में मिल्ने नामक वैज्ञानिक ने प्रथम भूकम्पमापी यन्त्र का निर्माण किया। कुछ ही वर्षों के बाद जर्मनी में विकर्ट एवं जापान में ओमोरी नामक वैज्ञानिकों ने भी भूकम्पमापी यन्त्र बनाये। इन यन्त्रों

द्वारा ही भूकम्प से उत्पन्न तरंगों के विषय में जानकारी प्राप्त हुई और भूकम्प-विज्ञान का जन्म हुआ। इन्हीं के द्वारा भूकम्प के उत्केन्द्र, उनका समय, परिमाण और नाभिकीय गहराई का पता लग पाता है।

यद्यपि भूकम्प-विज्ञान के जन्म का श्रेय भूकम्पलेखियों को है, पर भूकम्पीय तरंगों के विषय में गणित व भौतिकी द्वारा पहले से अध्ययन किया जा चुका था। १६६० ई० में हुक नामक वैज्ञानिक ने एक महत्त्व-पूर्ण सिद्धान्त बनाया जिसके अनुसार प्रत्यास्था की सीमा में प्रतिबल, विकृति के समानुपाती होता है। पृथ्वी की चट्टानों को अधिकतर प्रत्यास्थ अवस्था में माना जाता है और हुक का नियम उन पर लागू रहता है। इसके अति-रिक्त काची एवं प्वायसन नामक फ्रांस के गणितज्ञों ने प्रत्यास्था सिद्धान्त को प्रकाश के गमन से सम्बन्धित किया। १८३० के लगभग प्वायसन ने दो प्रकार की तरगों का पता लगाया जिनके वेगों का अनुपात ३ : १ होता है। इसके बाद ही १८४६ में इंगलैण्ड के स्टोक्स नामक वैज्ञानिक ने भी इस तथ्य की पुष्टि की।

१८८७ में लार्ड रैले ने एक भिन्न प्रकार की प्रत्यास्थ तरंगों का पता लगाया जो पृथ्वी की सतह पर चलती हैं और जिन्हें रैले तरंगें कहते हैं। इसके बाद १६११ में ही एक और प्रकार की लव तरंगों का पता लगा।

१८८८ में जर्मन वैज्ञानिक शौभिड ने बतलाया कि पृथ्वी के अन्दर तरंगें चलती हैं और इनकी गति के पृथ्वी की गहराई के साथ बढ़ने के कारण सीधी रेखा में चलने की अपेक्षा ये मुड़ जाती हैं। इसी समय इंगलैण्ड में नॉट नामक वैज्ञानिक ने परावर्तित व अपवर्तित तरंगों के विषय में अनु-सन्धान किया। भूकम्पलेखियों द्वारा इन तरंगों की जानकारी बाद में ही प्राप्त हुई।

भूकम्प-विज्ञान को हम प्रत्यास्थ तरंगों का विज्ञान कह सकते हैं अर्थात् इसके अन्तर्गत भूकम्पों, विस्फोटनों आदि के उदगम तथा पृथ्वी और चन्द्र आदि ग्रहों की बनावट के विषय में इन्हीं कारणों द्वारा ज्ञान प्राप्त करते हैं।

भूकम्प-विज्ञान ही भूगर्भशास्त्र का प्रमुख अंग है। भूगर्भशास्त्र को

जहाँ ठोस पृथ्वी, समुद्र, वायुमण्डल एवं आयत मण्डल की भौतिकी कहते हैं, वहाँ भूकम्प-विज्ञान में भौतिकी, गणित, रसायनशास्त्र, भूविज्ञान एवं सांख्यिकी जैसे विषय सम्मिलित हैं।

भूकम्प-विज्ञान तीन समानान्तर क्षेत्रों पर आधारित है। प्रथम प्राकृतिक भूकम्पों के प्रेक्षण, दूसरा प्रयोगशाला में अनुसन्धान और तीसरा सैद्धान्तिक अन्वेषण। पृथ्वी के आन्तरिक भागों के अध्ययन में मुख्य कठिनाई इस कारण होती है कि हम इसकी खुदाई करके केवल कुछ किलोमीटर गहराई तक ही पहुँच सकते हैं, परन्तु भूकम्प-विज्ञान द्वारा पृथ्वी की सतह से उसके केन्द्र तक विभिन्न परतों का विस्तारपूर्वक ज्ञान प्राप्त हो सका है जो चुम्बकीय एवं गुरुत्वीय उपायों की अपेक्षा अधिक विश्वसनीय है।

अतः हम कह सकते हैं कि यद्यपि भूकम्प मानव जाति के लिए अभिशाप है, पर उसकी एक बड़ी देन है भूकम्प-विज्ञान का जन्म, जिससे पृथ्वी और चन्द्र आदि ग्रहों की आन्तरिक परतों का पता लग जाता है। इसके अतिरिक्त खनिज पदार्थों और तेल आदि का पता लगाने में इसका उपयोग होता है। पृथ्वी के अन्दर नाभिकीय विस्फोटनों का भी इसी के नियमों से पता लगता है। खानों की गुफाओं के टूटकर गिरने के भी संकेत भूकम्प-विज्ञान द्वारा प्राप्त हो जाते हैं।

भूकम्प-विज्ञान के विकास-क्रम में पृथ्वी की चट्टानों को प्रयोगशाला में ऊँचे दाब व तापक्रम पर जाँचकर उन उपायों का पता लगाया जाता है जो पृथ्वी के भीतर हो सकते हैं। इसके लिए आजकल एलेक्ट्रानिक संगणकों का प्रयोग करके जटिल-से-जटिल समस्याओं का समाधान किया जाता है। यद्यपि प्रत्यास्था के सिद्धान्त एवं तरंग-गमन उन्नीसवीं शताब्दी में विकसित हुए, परन्तु भूकम्प-विज्ञान इस शताब्दी के प्रारम्भ में ही विज्ञान की शाखा बन पाया। पिछली शताब्दी के पहले प्रेक्षण एवं गणित के परिणाम अलग-अलग थे, परन्तु भूकम्पलेखी के आविष्कार के बाद दोनों भागों को सम्मिलित करके भूकम्प-विज्ञान की नयी शाखा का जन्म हुआ।

भूकम्प के प्रभाव

स्थायी व अस्थायी प्रभाव

भूकम्प के प्रभाव मुख्यतः दो कारणों से होते हैं : भूकम्प के उत्केन्द्र के आसपास भ्रंशों या ज्वालामुखी फटने से अथवा उनके द्वारा उत्पन्न प्रत्यास्थ तरंगों से। इनमें कुछ प्रभाव स्थायी होते हैं, जैसे किसी इमारत का गिरना; और कुछ क्षणिक होते हैं, जैसे छत से लटकी वस्तुओं का झूलना अथवा खिड़कियों का खटखटाना। स्थायी प्रभाव का अध्ययन भूकम्प के उत्केन्द्र-क्षेत्र में जाकर किया जाता है, परन्तु क्षणिक प्रभावों के लिए वहाँ के निवासियों से प्रश्न पूछकर जानकारी प्राप्त की जाती है।

अधिकतर भूकम्प विर्वतनी कारणों से होते हैं जो भ्रंशों से सम्बन्धित होते हैं। इनके मुख्य प्रभाव इस प्रकार हैं :

१. पृथ्वी पर प्रभाव; जैसे भूस्खलन, पृथ्वी का फटना, तटों का ऊपर उठना या नीचे डूबना इत्यादि।
२. पानी पर प्रभाव; जैसे कुओं और झरनों में परिवर्तन, स्यूनामी, भूकम्प के फव्वारे आदि।
३. निर्माण-कार्य पर प्रभाव; जैसे इमारतों का गिरना, पुलों का टूटना, यातायात साधनों का नष्ट होना आदि।

क्षणिक प्रभावों में मनुष्य, जानवर, पेड़, मोटरगाड़ियाँ आदि भी सम्मिलित हैं।

थल पर प्रभाव

मानव जाति के लिए विध्वंसकारी भूकम्पों में मकान आदि गिरने से समस्या उत्पन्न हो जाती है। अतः इनसे होनेवाली क्षति का वर्णन पहले किया जा रहा है। यद्यपि इनका अध्ययन भूकम्पीय इंजीनियरों के लिए अधिक उपयोगी है, परन्तु भूकम्पीय तीव्रता का अनुमान भी इन्हीं के द्वारा लगाया जाता है जिससे भूकम्प के उत्केन्द्र एवं नाभिकीय गहराई का अनुमान कुछ हद तक लग जाता है। किन्नौर भूकम्प (१९७५) से क्षतिग्रस्त मकान का दृश्य चित्र-१ में दिखलाया गया है।

चित्र-१

भूकम्प से क्षति कितनी होती है, यह इस पर निर्भर करता है कि कितनी देर तक पृथ्वी हिलती रहती है। इसके अतिरिक्त भूकम्प के परिमाण व उत्केन्द्र से दूरी का भी मुख्य हाथ रहता है।

मकान आदि पर प्रभाव : अधिकतर भूकम्प से होनेवाली क्षति का प्रभाव ईंट, पत्थर या लकड़ी की बनी हुई इमारतों द्वारा आँका जाता है। यदि मकान हल्के पदार्थों के बने होते हैं तो भीषण भूकम्पों में वे केवल अपने स्थान से फिसल जाते हैं और उनको अधिक क्षति नहीं होती है। और यदि वे पूरी तरह नष्ट भी हो जाते हैं तो उनके अन्दर रहनेवाले व्यक्ति अधिकतर जीवित रह जाते हैं। ऐसी इमारतों की मरम्मत भी जल्दी ही हो जाती है। परन्तु जापान में इस प्रकार की इमारतों में पहले भारी छतें होती थीं जिनके गिरने से भयानक क्षति होती थी। प्राणियों के लिए घातक उस प्रकार के भी मकान सिद्ध हुए हैं जिनमें सीमेण्ट आदि के स्थान पर कमज़ोर वस्तुएँ प्रयोग की जाती हैं या पूरा ही मकान मिट्टी का बना होता है। कभी-कभी बहुत ही बड़े-बड़े पत्थरों को काटकर मन्दिर या महल बनाये जाते हैं। साधारण तीव्रतावाले भूकम्पों में इनको कोई क्षति नहीं होती जबकि इनके पास के ही कमज़ोर मकान ढह जाते हैं। परन्तु तीव्र भूकम्प के झटके से ऐसे मन्दिर या महल भी गिर जाते हैं। भूकम्प का प्रभाव इनकी नीवँ पर होता है, न कि इनके ऊपरी भाग पर।

इसके अतिरिक्त नरम और कमज़ोर मिट्टी में पूरे-के-पूरे मकान ही धँस जाते हैं जैसा कि १९३४ के बिहार-नेपाल भूकम्प में हुआ था। भ्रंश के दोनों ओर सापेक्षिक गति होने से कितनी ही मज़बूत बनी हुई इमारतें नष्ट हो जाती हैं।

भूकम्प के अधिक विध्वंसक प्रभाव साधारणतया ऊर्ध्वाधर गति की अपेक्षा क्षैतिज गति के कारण होते हैं। उत्केन्द्र के निकट क्षैतिज गति अधिक होती है जो उससे दूर के स्थानों पर कम हो जाती है। इसका मुख्य कारण यह है कि ऊर्ध्वाधर गति पृथ्वी के गुरुत्वाकर्षण की विपरीत दिशा में कार्य करती है, जबकि क्षैतिज गति में इस प्रकार का कोई प्रतिरोध नहीं है। इसी कारण एक छोटा गमला ज़रा-से झटके से हिलने लगता है और उछलकर पृथ्वी पर गिर सकता है। यह देखा गया है कि सबसे अधिक क्षति तब होती है

जब भूकम्पीय तरंगों द्वारा उत्पन्न त्वरण और कम्पन सबसे अधिक हो। उदाहरण के लिए यदि आवृत्ति प्रति सेकेण्ड १ हो और आयाम २.५ सेण्टीमीटर हो, तो त्वरण 0·1g होगा जो साधारणतया विध्वंसक होता है। यदि इससे कम्पन कुछ ही सेकेण्ड के लिए हो तो साधारण ढंग से बने मकानों को विशेष क्षति नहीं होगी। परन्तु यदि बड़े भूकम्पों से वही कम्पन १५-२० सेकेण्ड तक चालू रहे तो विध्वंसक प्रभाव कहीं अधिक होंगे। इसी प्रकार यह मालूम किया गया है कि २५ सेण्टीमीटर आयाम और १० सेकेण्ड आवर्त से 0·01g त्वरण हो सकता है। भूकम्प के उत्केन्द्र से उत्पन्न पृष्ठीय तरंगों के आयाम सैकड़ों मील दूर जाकर २५ सेण्टीमीटर और आवर्त २० सेकेण्ड तक हो सकते हैं। इनका प्रभाव केवल पानी में ऊँची लहरें उत्पन्न करना ही होता है और मकानों को विशेष हानि नहीं होती है। इस प्रकार का अध्ययन करने के लिए गति का फूरियर विश्लेषण किया जाता है, जिसमें यह मान लिया जाता है कि आयाम के भिन्न-भिन्न भागों में सरल आवर्त गति होती है।

भूकम्प की तीव्रता अथवा परिमाण पर ही उत्पन्न आवृत्ति भी निर्भर करती है, परन्तु एक विशेष अन्तर यह भी है कि किसी स्थान पर छोटे या बड़े परिमाण के भूकम्पों से एक ही तीव्रता उत्पन्न हो सकती है।

गगनचुम्बी इमारतें : अक्सर यह देखा गया है कि भूकम्प-उत्केन्द्र सैकड़ों किलोमीटर दूर रहता है, परन्तु उसका पता गगनचुम्बी इमारतों के ऊपरी मंजिल के लोगों को लग जाता है। इस प्रकार हिन्दूकुश क्षेत्र के भूकम्प दिल्ली में अक्सर ही अपना प्रभाव दिखलाते हैं, परन्तु उनसे विशेष हानि नहीं होती है। लम्बी आवर्त तरंगों से ये ऊँचे मकान झूलने लगते हैं। यही कारण है कि दक्षिण भारत के कई भूकम्पों के झटके उत्केन्द्र से दूर बम्बई में महसूस किये गये, जबकि बीच में स्थित नगरों से उनके बारे में विशेष समाचार प्राप्त नहीं हुए।

प्लास्टर, खिड़कियों आदि पर भूकम्प के प्रभाव : मकान की दीवारें चाहे कितने ही अच्छे प्लास्टर की बनी हों, तीव्र झटकों में चटक जाती हैं। साधारण किस्म के प्लास्टरवाले मकान हल्के झटकों में भी चटक सकते हैं।

खिड़कियों के बड़ काँच भूकम्पों के झटके से जल्दी ही टूट जाते हैं। एकदम झटका लगने से काँच के फ्रेम टेढ़े-मेढ़े हो जाते हैं और काँच टूट जाते हैं। फानूस (चैण्डोलियर) भी हिलने लगते हैं और कभी-कभी उनसे लटकनेवाली डोरियों को भी थोड़ा-बहुत नुकसान पहुँचता है।

लकड़ी के मकानों को भूकम्प से बचाने का मुख्य उपाय यही है कि वे तीन या चार मंजिल से अधिक न बनाये जायें। परन्तु इनसे मुख्य खतरा इस कारण रहता है कि इन्हें आग बहुत जल्दी पकड़ लेती है। ईंट आदि के बने मकानों के बनाने के क्रम में भूकम्पीय इंजीनियरों ने कई अनुसन्धान किये हैं, जिनके फलस्वरूप भूकम्प आने पर वे काफी हद तक सुरक्षित रह सकते हैं। अभी तक यह पाया गया है कि सीमेण्ट-कंक्रीट से बने मकान ही भूकम्पीय बलों से अधिकतर सुरक्षित रहते हैं।

यहाँ यह स्पष्ट करना आवश्यक है कि कभी-कभी भारी वर्षा से कुछ कमज़ोर मकान गिर जाते हैं परन्तु यदि उसी समय कोई साधारण भूकम्प हुआ तो जनता उस मकान के गिरने को भूकम्पीय तीव्रता से सम्बन्धित कर देती है जिससे उसकी तीव्रता का सही अनुमान नहीं लग पाता है।

यातायात के साधनों पर प्रभाव

१. **भूस्खलन** : भूकम्प के प्रभाव से पहाड़ी ढलानों पर मिट्टी ऊँचे स्थानों से नीचे गिरने लगती है। इस प्रकार मिट्टी के ये ढेर रास्तों एवं उन स्थानों में बने मकानों के लिए हानिकारक होते हैं।

२. **रेल की पटरियाँ** : भूकम्प के कारण कमज़ोर मिट्टी धँसने से रेल की पटरियाँ टेढ़ी-मेढ़ी हो जाती हैं। इसी प्रकार यदि कोई पुल भ्रंश रेखा के ऊपर हो और वहाँ पर विस्थापन हो तो वह भी गिर सकता है।

३. **बाँध** : बड़े भूकम्पों में नदी के बाँध टूट जाते हैं। सेन्ता बारबरा बाँध जो मिट्टी भरकर बनाया गया था, वह इसी प्रकार १९२५ के भूकम्प में टूट गया था। अब बाँध बनाने में भूकम्पीय बलों से बचने के लिए विशेष प्रकार से छानबीन की जाती है। इससे यद्यपि उनकी लागत बढ़ जाती है, परन्तु भूकम्पीय प्रभावों से सुरक्षित रह पाना सम्भव होता है।

४. **पृथ्वी के अन्दर नल (पाइप)** : मुलायम मिट्टीवाले स्थानों

में छोटे भूकम्प से भी जमीन धँस जाने के कारण नल बेकार हो जाते हैं। यह मालूम किया गया है कि इनके ऊपर इतने छोटे परिमाण के भूकम्पों का भी प्रभाव पड़ सकता है जिनके झटके हम लोग महसूस तक नहीं कर पाते।

भूकम्पीय क्षेत्रों में इस प्रकार के नलों का उपयोग मिट्टी के तेल व पेट्रोल आदि एक स्थान से दूसरे स्थान तक पहुँचाने के लिए किया जाता है। भूकम्प के झटके महसूस होते ही पेट्रोल आदि का बहाव तुरन्त रोक दिया जाता है, और तुरन्त ही पूरी लाइन का निरीक्षण किया जाता है। इसके अतिरिक्त विशेष यन्त्रों से यह भी पता लग जाता है कि भूकम्प से कितना त्वरण उत्पन्न हुआ। जापान में जैसे ही ४० गैल त्वरण पहुँचता है, पाइप लाइन बन्द कर दी जाती है। भारत में अभी इस विषय में ऐसी सीमा को निर्धारित करने का काम बाकी है।

५. **सिंचाई के साधन** : पानी या बालू के बाहर निकलने या नहरों व गड्ढों के भ्रंश-क्रिया द्वारा रास्ते बदलने से सिंचाई के साधनों पर प्रभाव पड़ता है। १९५२ के कार्न काउण्टी भूकम्प में ८४६ ट्रांसफार्मरों के खम्भे उखड़ गये थे जो सिंचाई के लिए बिजली देते थे।

६. **भूकम्पीय फव्वारे** : यदि पृथ्वी के भीतर पर्याप्त पानी हो तो शक्तिशाली भूकम्प से उत्केन्द्र के आस-पास फव्वारे निकल पड़ते हैं। भारत में १९३४ के बिहार-नेपाल भूकम्प का, जिसका उत्केन्द्र गंगा की तराई में था, आँखों देखा वर्णन इस प्रकार किया गया है : "एक व्यक्ति की मोटरगाड़ी भयावह रूप से झूलने लगी। पश्चिम की ओर से एक बहुत ही डरावनी आवाज़ सुनायी पड़ी। फिर कार का झूलना बन्द हो गया और सड़क के दोनों ओर मिट्टी की बनी झोंपड़ियाँ गिरने लगीं। इसके साथ-साथ सारे गाँव में सैकड़ों फव्वारे पानी व बालू निकालने लगे। कहीं-कहीं तो बालू के ज्वालामुखी पहाड़-जैसे बन गये जिनके बीच से भी पानी निकलने लगा। कुछ फव्वारों की ऊँचाई ६ फीट तक थी। उसके बाद सभी स्थानों में जहाँ भी दृष्टि जाती थी केवल पानी या बालू ही नज़र आता था। पानी के फव्वारे लगभग आधे घण्टे बाद बन्द हुए। सड़क कई जगह से फट गयी और कार डूबने लगी। गाँववालों की दशा दयनीय थी,

जो बुरी तरह से रो और चिल्ला रहे थे। कारवाला व्यक्ति जैसे ही बाहर पानी में आया तो घुटने तक गर्म पानी था। यद्यपि उस दिन दोपहर में ठण्डक थी !

"इसी प्रकार के फव्वारे १९०६ के कैलीफोर्निया (अमरीका) के भूकम्प में भी देखे गये थे। कुछ ऐसे भी उदाहरण पाये जाते हैं जिनमें फव्वारे निकलकर बन्द हो गये और फिर दुबारा चालू हो गये। जापान के १९२३ के एक बड़े भूकम्प से बोसो पठार में धान के एक दलदले खेत में बने एक स्कूल की इमारत नष्ट हो गयी। जो अध्यापक वहाँ से बाहर भागे उन्होंने ४० मीटर लम्बे धान के खेत में दो बड़ी-बड़ी दरारें देखीं। उनसे ६ मीटर ऊँचा मटमैला पानी निकला और फिर बन्द हो गया। कुछ सेकेण्ड बाद ही दूसरी बार फव्वारा छूटने लगा, यह क्रम ३ बार तक चलता रहा।"

कोलरेडो नदी के मुहाने पर १९४० के इम्पीरीयल घाटीवाले भूकम्प में कई फव्वारे छूटे जिनमे बड़ी मात्रा में बालू निकली।

इस प्रकार के फव्वारों के कई कारण हो सकते हैं। भूकम्प की हलचल से पृथ्वी नीचे धसने लगती है और उसके अन्दर दबाव बढ़ने से पानी ऊपर की ओर निकल आता है, अथवा भूकम्पीय तरंगों के चलने से कुओं की सतह पर कम्पन होने लगते हैं जिससे पानी ऊपर तक पहुँच जाता है। हिलने से पातालतोड़ कुओं की प्रतिरोधकता टूट सकती है, जिससे भीतरी सतह में पानी की मात्रा दाब के साथ बढ़ जाती है और अन्दर का पानी दबाव से ऊपर निकल पड़ता है।

७. दरारों का खुलना व बन्द होना : कभी-कभी भूकम्प आने से पृथ्वी में कई जगह दरारें पड़ जाती हैं और कुछ समय बाद बन्द भी हो जाती हैं। ४ फरवरी १७९७ के इक्ववाडोर-पीरु के भूकम्प में पृथ्वी फट गयी जिससे कुछ व्यक्ति दरार के अन्दर घुस गये। इसके बाद पृथ्वी की दरार फिर से बन्द हो गयी। कुछ के शरीर पृथ्वी के अन्दर ही रह गये और कुछ के केवल ऊपरी भाग ही नज़र आये।

१ नवम्बर १७५५ के लिस्बन (पुर्तगाल) के भूकम्प में पूरा गाँव ही पृथ्वी के अन्दर समा गया जिसमें लगभग १०,००० व्यक्ति और तमाम

जानवर थे। उनके समा जाने के बाद पृथ्वी फिर उसी तरह जुट गयी जैसे पहले थी। इस सम्बन्ध में जापान में एक बौद्ध कथा प्रचलित है। साख्य मुनि का एक शिष्य देवदत्त था जिसने अपने गुरु के विरुद्ध होकर उन्हें मारने का प्रयत्न किया। तुरन्त ही पृथ्वी फट गयी और उनका शिष्य अन्दर समा गया। इस प्रकार ईश्वर ने उसको सज़ा दी। उसको बचाने के लिए दूसरे शिष्य दौड़े भी, परन्तु विफल हुए।

जल पर प्रभाव

स्यूनामी : चिली, पीरु, हवाई द्वीप और जापान के घनी आबादी-वाले समुद्री तटों पर अक्सर पानी की २० मीटर तक ऊँची लहरें उत्पन्न हो जाती हैं। इनको दक्षिणी अमरीका में मारेमोतो और जापान में तुनामी कहते हैं। अंग्रेज़ी में इन्हें स्यूनामी कहते हैं। अधिकतर ये प्रशान्त महासागर के थलीय तटों पर उत्पन्न होती हैं, क्योंकि भूकम्प के उत्केन्द्र थल के पास की खाइयों में होते हैं। भूकम्प होने के बाद तट तक पहुँचने में स्यूनामी को १५ मिनट से लेकर कुछ घण्टे तक लग जाते हैं। यद्यपि अधिकतर स्यूनामी का कारण समुद्र में भूकम्प होता है, परन्तु १९२० में चिली, १९३९ में टर्की एवं १९३२ में मैक्सिको में हुए भूकम्पों के उत्केन्द्र पृथ्वी पर थे जिससे उनके आसपास के तटों पर बहुत ऊँची-ऊँची स्यूनामी लहरें उत्पन्न हुईं।

स्यूनामी की गति $\sqrt{gh}$ होती है जहाँ h समुद्र की गहराई है जो तरंगों की लम्बाई से कम होती है और g गुरुत्वीय त्वरण है। तरंगों की ऊँचाई का अनुमान ज्वारमापी यन्त्रों से लगाया जाता है जो समुद्री तटों पर लगे रहते हैं।

अमरीका (हवाई) के द्वीपों में स्यूनामी से भयंकर क्षति होने का कारण यह है कि वहाँ वे जापान, एल्यूशियन और दक्षिणी अमरीका अर्थात् सभी दिशाओं से आ सकती हैं। अभी हाल के मिण्डानाओ भूकम्प में भी (१६ अगस्त १९७६) हजारों व्यक्ति स्यूनामी द्वारा हताहत हुए। कभी-कभी स्यूनामी आने से पहले समुद्रतट के निकट पानी की सतह कम हो जाती है जिसको भयसूचक समझा जाता है। जापान के कई निवासी यह

देखकर ऊँची जमीन पर चढ़ जाते हैं, चाहे स्यूनामी आये या नहीं। आजकल जापान में स्यूनामी से तटों की रक्षा के लिए रेडियो द्वारा जनता को सावधान किया जाता है। अमरीका के भूविज्ञान सर्वेक्षण विभाग ने होनोलूलू में एक केन्द्र खोला है जहाँ स्यूनामी के ऊपर निगरानी रखी जाती है। जैसे ही भूकम्प आता है, भूकम्पलेखियों की सहायता से एक चेतावनी (एलार्म) घण्टी के बजने का प्रबन्ध होता है।

समुद्र-कम्प : समुद्र में कभी-कभी भूकम्पीय तरंगें जहाजों से टकराती है जिससे एक भयंकर ध्वनि उत्पन्न होती है और वह जहाज को डावाँडोल कर देती है।

भूकम्प के विभिन्न प्रभाव

१. **घड़ियाँ :** भूकम्प के प्रभाव से लोलक घड़ियाँ बन्द हो जाती हैं। इसका कारण यह होता है कि उसके डायल के समकोण पर हलचल होने से लोलक एवं चरखी के बीच में घर्षण उत्पन्न होता है जिससे घड़ी बन्द हो जाती है। परन्तु यह ध्यान में रखने योग्य बात है कि विद्युत् घडियाँ बन्द होने का कारण भूकम्प आते ही विद्युत्धारा का वितरण बन्द होना है।

२. **पेड़ व झाड़ियाँ :** इन पर दो प्रकार के प्रभाव हो सकते हैं। कम आवर्त की गति से पत्तियाँ और टहनियाँ इस प्रकार डोलने लगती हैं जैसे हवा का झोंका आया हो। अधिक आवर्त के प्रभाव से बड़ी-बड़ी डालियाँ और तने हिलने लगते हैं। कैलिफोर्निया में १९०६ में हुए भूकम्प के समय तटीय रेडवुड के जंगल में जाने कितने टूटे हुए तने धरती पर पड़े पाये गये थे।

३. **मोटरगाड़ियाँ :** यदि कोई कार खड़ी हो तो वह भूकम्पसूचक का कार्य करती है, क्योंकि स्प्रिंग पर वह ऊपर-नीचे कम्पन करती है। इस प्रकार एक छोटी शक्तिवाले भूकम्प का पता यद्यपि कार के पास खड़े व्यक्ति को शायद ही लगे, परन्तु उसके अन्दर बैठे व्यक्ति को पता चल जाता है। परन्तु यदि मोटर चल रही हो तो उसके अन्दर बैठे व्यक्ति को तब तक पता नहीं चल सकता जब तक कि भूकम्प बड़ी शक्तिवाला न हो। बड़े भूकम्प में कार की स्टियरिंग पर प्रभाव पड़ता है और ऐसा अनुभव

होता है कि पहिये के टायर में हवा एकदम कम हो रही है। अधिक तीव्रतावाले भूकम्प में ऐसा प्रतीत होता है कि चारों टायरों की हवा एक साथ निकल रही है। आजकल भूकम्पीय तीव्रता निकालने में मोटरकारों के प्रभाव का उपयोग किया जाता है।

४. **मछलियाँ व जानवर** : समुद्र में भूकम्पीय तंरगों के झटकों से सैकड़ों मछलियाँ मर जाती हैं। इन तरंगों का प्रभाव ऐसा घातक होता है मानो एक तालाब को डाइनामाइट रखकर उड़ा दिया गया हो। इसके अतिरिक्त जानवरों में अजीब-सी घबराहट भी उत्पन्न हो जाती है।

५. **मानवीय प्रतिक्रिया** : हम लोगों को भूकम्प से हिलने का पता तब चल पाता है जब गुरुत्वीय त्वरण का मान एक गैल अर्थात् एक सें० मी० प्रति सेकेण्ड हो। बिस्तर पर लेटे व्यक्ति या ऊपर की मंजिल में रहनेवालों को भूकम्प का पता आसानी से लग जाता है, क्योंकि उनके बिस्तर आदि भूकम्पसूचक का कार्य करते हैं। कुछ लोगों को उल्टियाँ भी आने लगती हैं।

भूकम्प की तीव्रता के मापक्रम में मानवीय प्रतिक्रिया का मुख्य स्थान है। कुछ लोग भयभीत हो उठते हैं क्योंकि पैरों के नीचे पृथ्वी को हिलते और निर्माण-कार्यों में क्षति होते देख उनके मन में भय उत्पन्न होता है। इसी कारण कई बार तो गर्भवती स्त्रियों के बच्चे तक पैदा हो जाते हैं।

६. **ग्लेशियर** : एलास्का के याकुतुत की खाड़ी में भूकम्प के पहले ग्लेशियर कुछ आगे बढ़े और उसके बाद उनका बढ़ना रुक गया। इसका कारण यह हो सकता है कि भूकम्प से चट्टानों में ताप उत्पन्न होने पर बर्फ पिघल गयी हो और पीछे से आकर उसने बड़े ग्लेशियर को आगे बढ़ा दिया हो।

७. **प्रकाश** : भूकम्प के समय आकाश में अक्सर एक चमकती रोशनी दिखायी पड़ती है। इस प्रकार की रोशनी १९४० में जापान के ईज्यू पानिनसुला में दिखलायी पड़ी थी। पटान (पाकिस्तान) के २८ दिसम्बर १९७४ के भूकम्प में भी इसी प्रकार की रोशनी पहाड़ियों पर डाक्टरों एवं वन-अधिकारियों ने देखी थी।

पहले अनुमान था कि यह रोशनी आकाश में तड़ित व गरज के

बादलों द्वारा उत्पन्न होती है। अथवा कहीं-कहीं विद्युत् तारों के आपस में टकराने से पैदा होती है। परन्तु अब यह माना जाता है कि बड़ी-बड़ी पृष्ठीय चट्टानों के खिसकने से और उनके आपस में टकराने से घर्षण विद्युत् उत्पन्न हो जाती है।

८. **मौसम** : कुछ भूकम्पों को मौसम से सम्बन्धित किया जाता है। कैलिफोर्निया में जब बड़े-बड़े बवण्डर चलते हैं तो छोटे भूकम्पों की संख्या बढ़ने लगती है। दिल्ली के आसपास वर्षा-ऋतु के कुछ बाद ही सूक्ष्म भूकम्पों की संख्या बढ़ने के कुछ संकेत पाये गये हैं। इसी प्रकार कुछ बाँधों पर वर्षा-ऋतु में पानी बहुत बढ़ जाता है तब वहाँ पर भी छोटे-छोटे भूकम्पों की संख्या बढ़ जाती है।

भूकम्पीय तीव्रता

भूकम्प की तीव्रता का अध्ययन करने के लिए १८८३ में इटली के जी० रोज़ी एवं स्विट्‌जरलैण्ड के फोरेल नामक वैज्ञानिकों ने एक तीव्रता का मापक्रम बनाया जिसको रोमन अंकों में I से X तक विभाजित किया गया। कुछ समय बाद स्पष्ट हो गया कि इसमें परिवर्तन किया जाना आवश्यक है क्योंकि यह यूरोप की वस्तुओं एवं निर्माण-कार्य के प्रभावों के वर्णन पर ही केन्द्रित थी। इसके अतिरिक्त तीव्रता X (दस) में विभिन्न तरह के प्रभाव केन्द्रित थे।

१९३१ में मारकेली नामक वैज्ञानिक ने एक परिवर्तित मारकेली मापक्रम बनाया जिसको I (एक) से लेकर XII (बारह) तक के रोमन अंकों द्वारा विवेचित किया गया है। इसको स्पष्ट करने के लिए यह जानना आवश्यक है कि तीव्रता के मापक्रम में इनके क्या मतलब हैं।

तीव्रता I : केवल विशेष परिस्थिति में ही एक-दो लोगों के अतिरिक्त औरों को भूकम्प महसूस नहीं होता है।

तीव्रता II : कुछ खड़े लोगों द्वारा अथवा ऊपरी मंजिल के लोगों द्वारा भूकम्प महसूस किया जाता है।

तीव्रता III : मकानों के अन्दर विशेषकर ऊपरी मंजिल के पर्याप्त व्यक्ति महसूस तो करते हैं, परन्तु यह नहीं समझ पाते कि भूकम्प

आया है। कुछ खड़ी कारें थोड़ा-बहुत झूलने लगती हैं, लारी चलने जैसी थरथराहट। भूकम्प कितनी देर तक रहा, इसका अनुमान लग जाता है।

तीव्रता IV : दिन के समय घर के अन्दर बहुत-से लोग भूकम्प महसूस करते हैं, परन्तु बाहर सड़कों आदि पर कुछ ही लोग महसूस कर पाते हैं। रात में कुछ लोग जग जाते हैं। प्लेटें, खिड़कियों व दरवाज़े खड़खड़ाने की ध्वनि उत्पन्न होती है। ऐसा लगता है कि एक भारी लारी मकान से टकरा गयी हो। खड़ी मोटरें झूल जाती हैं।

तीव्रता V : लगभग सभी लोग झटके महसूस करते हैं। कई लोग सोते से जाग उठते हैं। कुछ प्लेटें, खिड़कियाँ आदि टूट जाती हैं। कुछ दीवारों का प्लास्टर चिटक जाता है। अस्थिर वस्तुएँ उलट जाती हैं। वृक्षों, खम्भों और दूसरी ऊँची वस्तुओं का हिलना। लोलक घड़ियों का बन्द होना।

तीव्रता VI : भूकम्प सभी व्यक्ति महसूस करते हैं। कई लोग डरकर बाहर भागते हैं। कुछ भारी फर्नीचर अपने स्थान से हट जाते हैं। कहीं-कहीं दीवार का प्लास्टर गिर जाता है और चिमनियों को भी क्षति पहुँचती है।

तीव्रता VII : सभी व्यक्ति घर से बाहर भागते हैं। अच्छी इमारतों को साधारणतया कोई हानि नहीं होती है। साधारण इमारतों को कुछ क्षति पहुँचती है परन्तु खराब बनी हुई इमारतें पूरी तरह से क्षतिग्रस्त होती हैं। कुछ चिमनियाँ टूटकर गिर जाती हैं। चलती हुई मोटरगाड़ियों में भी भूकम्प महसूस होता है।

तीव्रता VIII : विशेष प्रकार से निर्मित मकान आदि को कुछ क्षति पहुँचती है, साधारण बने हुए मकान पर्याप्त रूप से क्षतिग्रस्त होते हैं और उनमें से कुछ बिल्कुल गिर भी जा सकते हैं। खराब बनी हुई इमारतें सबसे अधिक क्षतिग्रस्त होती हैं। चिमनी, खम्भों, दीवारों आदि का गिरना। भारी फर्नीचर का उलटना। कुछ बालू और गीली मिट्टी का पृथ्वी से ऊपर निकलना। मोटरगाड़ियों के चालकों को भी दिक्कतें होती हैं।

तीव्रता IX : अच्छी बनी इमारतों में पर्याप्त नुकसान होता है।

कुछ इमारतें अपनी नीवँ से भी हट सकती हैं पृथ्वी के अन्दर पानी आदि के नल टूट जाते हैं।

तीव्रता X : सीमेण्ट आदि से बनी इमारतों की नीवें भी नष्ट हो जाती हैं। पृथ्वी कई स्थानों से फट जाती है। रेल की पटरियाँ टेढ़ी-मेढ़ी हो जाती हैं। गहरे ढलानों पर भूस्खलन होता है। नदी का पानी उछलकर किनारों पर पहुँच जाता है। लकड़ी के बने कुछ अच्छे मकान भी नष्ट हो जाते हैं।

तीव्रता XI : ईंटों से बने कुछ ही मकान खड़े रह पाते हैं। पुल नष्ट हो जाते हैं। पृथ्वी में चौड़ी-चौड़ी दरारें पड़ जाती हैं। रेलों की पटरियाँ बिल्कुल टेढ़ी-मेढ़ी हो जाती हैं।

तीव्रता XII : सम्पूर्ण क्षति। पृथ्वी पर लहरें दिखायी पड़ती हैं और उसकी सतह टेढ़ी-मेढ़ी हो जाती है। वस्तुएँ उछलकर हवा में फिंका जाती हैं।

भूकम्प की तीव्रता का अनुमान करने के लिए भूकम्प-विशेषज्ञ एवं भूवैज्ञानिक भूकम्पग्रसित क्षेत्रों में जाते हैं और विभिन्न प्रकार की क्षति का ध्यानपूर्वक अध्ययन करते हैं। इसके क्षणिक प्रभावों को जानने के लिए एक प्रश्न-सूची वहाँ की जनता को दी जाती है जिसका नमूना आगे प्रस्तुत किया जा रहा है :

भूकम्प तीव्रता रिपोर्ट

प्रेक्षण स्थान

(१) शहर या गाँव :

(२) तहसील, तालुका :

(३) जिला या राज्य :

(४) निकटतम रेलवे स्टेशन :

१. भूकम्प की तारीख (दिन का प्रारम्भ और अन्त अर्धरात्रि का होता है)।

२. भूकम्प का समय, हो सके तो भारतीय मानक समय में।

३. यदि एक से अधिक झटके महसूस किये गये हों तो पृथक्-पृथक्

कम्पनों की संख्या तथा झटकों का समयान्तर।

४. कम्पन या कम्पनों की अवधि (सेकेण्डों में)।

५. प्रेक्षक की अवस्था (क्या वह घर के अन्दर था या बाहर, सोया हुआ या जाग्रत, बैठा हुआ था या खड़ा हुआ, आदि)।

६. प्रेक्षक का मकान किस प्रकार का है (अर्थात् कच्चा, कच्चा-पक्का, पक्का, एक मंजिला या अधिक मंजिला)? वह कब बनाया गया था?

७. क्या कम्पन से पूर्व या उसके दौरान अथवा उसके बाद किसी तरह की असाधारण ध्वनियाँ सुनायी दीं और वे कैसी ध्वनियाँ थीं?

८. हलचल किस प्रकार की थी और क्या वह किसी विशिष्ट दिशा से आयी प्रतीत होती थी, जिसे लटकानेवाली बत्तियों की पंक्तियों के झोंकों से या पीपों, टिनों और टैंकों में द्रवों की हलचल से निश्चित किया जा सकता है?

९. क्या कम्पन की तीव्रता इतनी अधिक थी कि उससे नीचे दिये गये परिणाम हो सकें:

(अ) बैठा हुआ या लेटा हुआ व्यक्ति इसे महसूस करे?

(आ) चलनेवाला व्यक्ति इसे महसूस करे?

(इ) दरवाज़ों, खिड़कियों या काली वस्तुओं में झनझनाहटें हों?

(ई) लटकनेवाली चीजें झूलने लगें?

(उ) पेड़ और झुरमुट हिलने लगें?

(ऊ) प्रेक्षक का बिस्तर और आसन हिलने लगे?

(ए) मेज और ताकों पर रखी हुई ढीली वस्तुएँ—जैसे घड़ियाँ, बोतलें और बर्तन—नीचे गिर जायें?

(ऐ) मकान की दीवारों में दरारें पड़ जायें?

(ओ) इससे अधिक नुकसान हो? (इसका विशिष्ट उल्लेख हो)

(औ) अन्य असाधारण घटनाएं (जैसे तलीय दरार, रेतीले और जलबवण्डर, तालाबों या नदियों के किनारों का फिसलना) हों?

प्रेक्षक के हस्ताक्षर व तारीख

टिप्पणी—भूकम्प के झटके महसूस होने के बाद ही यह सूचना भारत मौसम विज्ञान विभाग को भेजने वाले व्यक्ति को ३७ पैसे से लेकर ७५ पैसे तथा पुरस्कार दिया जाता है।

भूकम्पीय तीव्रता उत्केन्द्र से दूरी पर निर्भर है। यह उत्केन्द्र के पास सबसे अधिक होती है और उससे दूर क्रमशः घटती जाती है। इसका मान कमज़ोर मिट्टी, तराई या घाटियों में अधिक होता है और चट्टानों पर कम। तीव्रता भूकम्प की नाभिकीय गहराई पर भी निर्भर करती है। भूकम्प के प्रभावों का अध्ययन करके उन्हें एक भौगोलिक चित्र पर अंकित किया जाता है। समान तीव्रतावाले स्थानों को आपस में मिला देते हैं जिन्हें समकम्प रेखाएँ कहते हैं। इस प्रकार के तीव्रता-मापचित्रों द्वारा भी भूकम्प के उत्केन्द्र एवं उसकी नाभिकीय गहराई का अनुमान लग जाता है। इसके अतिरिक्त इन चित्रों का मुख्य उपयोग भूकम्पीय अभियान्त्रिकी में भी होता है।

यदि भूकम्प का केन्द्र एक बिन्दु माना जाये तो समकम्प रेखाएँ वृत्ताकार होनी चाहिए। परन्तु पृथ्वी की विभिन्न प्रकार की चट्टानों के कारण ये टेढ़ीमेढ़ी हो जाती हैं। यदि भूकम्प-उत्केन्द्र को एक रेखाकार माना जाये तो समकम्प रेखाएँ दीर्घ वृत्ताकार (अण्डाकार) होती हैं। इस प्रकार की विभिन्न प्रकार की समकम्प रेखाएँ चित्र-२ में कुछ प्रमुख भूकम्पों के सन्दर्भ में दिखलायी गई हैं।

यदि भूकम्प की नाभिकीय गहराई अधिक होती है तो केन्द्र से बाहर की ओर तीव्रता धीरे-धीरे घटती है और उसके झटके बहुत दूर तक महसूस हो सकते हैं। यदि Io उत्केन्द्र के पास सबसे अधिक तीव्रता हो और भूकम्प के झटके r दूरी तक महसूस किये जायें, तो भूकम्प की नाभिकीय गहराई h निकाली जा सकती है :

$$Io - 2 = 3 \text{ लघु } \frac{r^2 + h^2}{h^2} \quad \cdots (1)$$

भूकम्पीय तीव्रता को भूकम्पीय त्वरण से भी सम्बन्धित किया गया है। त्वरण को विशेष प्रकार के यन्त्र द्वारा मापा जाता है। यदि त्वरण α

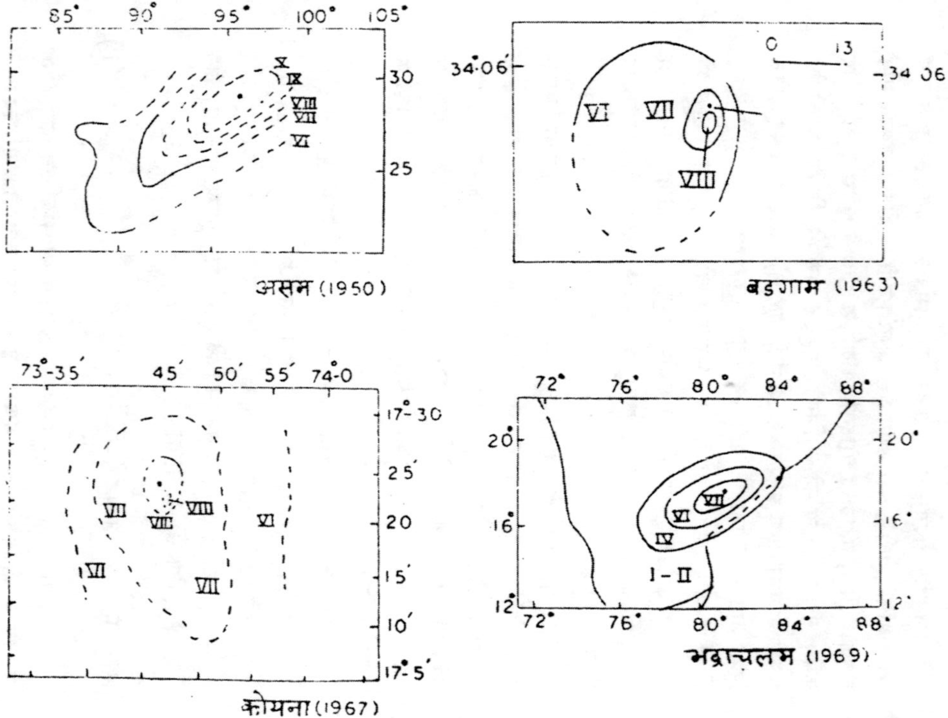
85°
90°
95°
100°
105°
30
25
X
IX
VIII
VII
VI
असम (1950)
34·06′
34 06
0
13
VI
VII
VIII
बड़गाम (1963)
73°-35′
45′
50′
55′
74°-0
17°-30
25′
20
15′
10′
17°-5′
VII
VIII
VI
कोयना (1967)
72°
76°
80°
84°
88°
20°
16°
12°
VII
VI
IV
I – II
भद्राचलम (1969)

चित्र-२

हो और तीव्रता I हो तो

$$\text{लघु } \alpha = \frac{I}{3} - \frac{1}{2} \qquad \cdots(2)$$

यहाँ α के यूनिट से० मी० प्रति सेकेण्ड होते हैं और I परिवर्तित मार्केली मापक्रम में है। भूकम्प की तीव्रता को उसके परिमाण से भी सम्बन्धित किया गया है जिसका वर्णन आगे किया जायेगा।

कुछ स्थानों पर भूकम्प के अतिरिक्त अन्य कारणों से भी कुछ प्रभाव देखने में आते हैं, जैसे कि कुछ स्थानों पर जमीन में ओले की ठण्ड से दरारें पड़ जाती हैं। अधिक वर्षा में भी भूस्खलन हो जाता है। कहीं-कहीं हवाई जहाज़ों से भी थरथराहट की आवाज़ उत्पन्न हो जाती है। इनसे मुख्य कठिनाई तब होती है जब छोटे भूकम्प के साथ-साथ और कारणों से भी वहाँ पर इस प्रकार के प्रभाव होते हैं। तब वास्तविक तीव्रता का अनुमान दुष्कर होता है। उदाहरण के लिए पहाड़ी सड़क पर एक कार जा रही है और पानी बरसने से भूस्खलन हो जाता है। कारवाले ने अपना बीमा करवा रखा है। अब बीमा कम्पनी जानना चाहती है कि वह कार भूस्खलन से गिर गयी अथवा किसी और कारण से। भूकम्प-विशेषज्ञों से यह पता लग गया कि उस स्थान के आसपास एक साधारण तीव्रता वाला भूकम्प हुआ है। इस अवस्था में उस स्थान का दौरा करने से ही यह अनुमान लग सकता है कि भूस्खलन के क्या कारण हैं, परन्तु कुछ संशय मन में रह सकते हैं।

भूकम्पीय तीव्रता से उसके उत्केन्द्र की ऊर्जा का भी अनुमान लगाया जा सकता है। तीव्रता के मापक्रम जापान में केवल सात अंकों में ही नापे जाते हैं। १९६४ ई० में परिवर्तित मार्केली मापक्रम में कुछ साधारण संशोधन किये गये, किन्तु उससे भी I से XII अंकों तक ही मापते हैं। प्राचीन भूकम्पों का अध्ययन चूंकि फोरेल मापक्रम में किया गया था, अतः इन दोनों मापक्रमों की तुलना अग्रिम पृष्ठ की तालिका-१ द्वारा दिखलायी गयी है :

तालिका-१

परिवर्तित मार्केली मापक्रम १९३१	रोजी फोरेल मापक्रम १८७४
I	I
II	II
III	III
IV	IV
V	V-VI
VI	VII
VII	VIII
VIII	X
IX	X
X	X
XI	X
XII	X

३

विश्व के विध्वंसक भूकम्प

प्रति वर्ष भूकम्भों से लगभग १०,००० व्यक्तियों की मृत्यु होती है। करोड़ों रुपये की सम्पत्ति नष्ट हो जाती है। फिर भी प्रत्येक विध्वंसक भूकम्प का वैज्ञानिक दृष्टिकोण से महत्त्व है, क्योंकि उसके प्रभावों और कारणों का अध्ययन करके हम भविष्य में कुछ सीमा तक सचेत हो सकते हैं।

इस अध्याय में कुछ प्रमुख विध्वंसक भूकम्पों का वर्णन किया जा रहा है। इनका चयन इस कारण किया गया है कि इनसे भूकम्प-विज्ञान को विशेष सहायता मिली है। उदाहरण के लिए १८१९ के कच्छ क्षेत्र के भूकम्प से पहली बार पता लग पाया कि भूकम्प एवं भ्रंश एक-दूसरे से सम्बन्धित हैं। इसी प्रकार १९६४ के जापान के निगाता भूकम्प में पृथ्वी के नीचे की मिट्टी और बालू ने द्रवित पदार्थ बनकर पूरे-के-पूरे मकानों को या तो नीचे धँसा दिया या पूरे मकान टेढ़े होकर झुक गये। मोरक्को और ताशकन्द के भूकम्प यद्यपि साधारण शक्ति के थे, परन्तु शहर की घनी आबादी के नीचे उनके उत्केन्द्र होने से हताहतों की संख्या सबसे अधिक रही। [भारत के प्रमुख भूकम्पों का अध्ययन पाँचवें अध्याय में किया जायेगा।]

लिस्बन भूकम्प (पुर्तगाल) १७५५

भूकम्प-विज्ञान की दृष्टि से यूरोप का यह अविस्मरणीय भूकम्प १ नवम्बर, १७५५ को पुर्तगाल की राजधानी में हुआ जिसमें ६०,००० व्यक्तियों की मृत्यु हुई। इसके प्रभाव उत्तर-पूर्व की ओर पूरे पश्चिमी यूरोप में और दक्षिण की ओर उत्तर-पश्चिमी अमरीका तक पड़े। झीलों और नदियों में लहरों का प्रभाव स्कैण्डेनेविया तक रहा। लिस्बन के पास से स्यूनामी उत्पन्न होकर भूमध्य सागर में एक ओर एटलाण्टिक में तथा दूसरी ओर उत्तरी अमरीका के किनारे तक पहुँच गयी। इसके बाद के झटके पूरे यूरोप में इतनी दूर तक फैले हुए थे कि वहाँ आतंक फैल गया था। लिस्बन में प्रत्येक इमारत एक प्रकार की ध्वनि उत्पन्न करती हुई झूल उठी, जैसे खुरदरे पत्थर पर एक गाड़ी चलायी जा रही हो। लगभग प्रत्येक मकान, गिरजाघर और सरकारी इमारतें नष्ट हो गयीं। चार-पाँच मिनट के बाद एक और झटका आया जिससे बचे हुए मकान भी गिर गये। पानी के जहाज अपने समुद्र-तटों से हट गये और बड़ी शक्ति से डोलने लगे।

यद्यपि उस समय भूकम्पलेखी नहीं थे, पर उसकी शक्ति का अनुमान उसकी क्षति से लगाया जा सकता है। इसके झटके २००० किलोमीटर तक लगे और मुख्य क्षति ६०० किलोमीटर अर्द्धव्यास में हुई। इसकी शक्ति भारत के १८९७ के असम भूकम्प के बराबर ही थी जो रिक्टर स्केल में 8.5 से 8.75 के परिमाण के बीच था।

मिनोओवारी भूकम्प (जापान) १८९१

२८ अक्टूबर १८९१ को जापान के मिनोओवारी क्षेत्र में साढ़े ६ बजे यह विध्वंसक भूकम्प आया था जिससे ७,२७३ व्यक्तियों की मृत्यु हुई और १,९७,५ ६ मकान ढह गये। इसका क्षति-क्षेत्र १०,००० वर्ग किलोमीटर में फैला हुआ था।

इस भूकम्प के बाद ही नियोघाटी भ्रंश, जो पृथ्वी के अन्दर छिपा हुआ था, ऊपर नजर आने लगा। इस भ्रंश के पास का कुछ भाग नीचे धँस

गया और कुछ ऊपर उठ गया। मिनोओवारी क्षेत्र के तीनों ओर पहाड़ हैं और उनके बीच की समतल भूमि पर घनी आबादी है जहाँ नदियाँ और नहरें भी हैं। भूकम्प से नहरों और बाँधों में घाटी होने के कारण अधिक नुकसान हुआ।

नगोया से गिफ्यू के रास्ते में उत्तर की ओर लगभग ३५ किलोमीटर दूरी में सैकड़ों गाँव बसे हुए थे। इनके बीच की ३५ किलोमीटर लम्बी सड़क एक तंग गली बन गयी जिसके दोनों ओर मलवे के ढेर थे। गिफ्यू का अधिकतर भाग बिल्कुल ही नष्ट हो गया और बाद में बचे हुए मकानों में आग लग गयी।

इस भूकम्प की विचित्र बात यह थी कि इसका प्रभाव पहाड़ियों पर एवं धान के खेतों में एक समान था, जमीन पर कहीं-कहीं मिट्टी के पहाड़ बन गये थे। एक किसान के मकान के पास दो बड़े-बड़े पेड़ थे, जो पूर्वी-पश्चिमी दिशा में एक रेखा पर खड़े थे। भूकम्प के बाद वे दोनों उत्तरी-पश्चिमी दिशा में हट गये। इसी प्रकार वहाँ की सड़क भी दो भागों में विभाजित हो गयी जो वहाँ के भ्रंश में पृथ्वी की गति की ओर संकेत करती है।

नियोघाटी भ्रंश को तीन-चार भागों में विभाजित किया जा सकता है। वह अनुदैर्ध्य सर्पणभ्रंश था (स्ट्राइक स्लिप भ्रंश जिसे पाँचवें अध्याय में समझाया जायेगा), जिसका भूकम्पलेखियों द्वारा अध्ययन करके जापान के ओमोरी नामक भूकम्प-विशेषज्ञ ने बाद के झटकों का एक नया सिद्धान्त बनाया जिसके अनुसार भूकम्पों की संख्या समय बीतने पर घटती जाती है। जापान के इसी क्षेत्र में ७४५, ११८५, १५८६ ई० में पहले भी भूकम्प आ चुके थे। इस भूकम्प से ईंटों के बने सभी मकान नष्ट हो गये, क्योंकि भूकम्पनीयता को ध्यान में रखकर उन्हें नहीं बनाया गया था। इसके बाद ही जापान सरकार ने एक नये संस्थान की स्थापना की जिससे कि भूकम्पों के विषय में अनुसन्धान किया जा सके।

सेनफ्रांसिस्को भूकम्प (अमरीका) १९०६

१८ अप्रैल १९०६ का यह भूकम्प कैलिफोर्निया के पूर्व में लगभग

पाँच बजे सुबह हुआ था। इसी के साथ सेनऐण्ड्रियास भ्रंश का जन्म हुआ जो पृथ्वी पर २५० किलोमीटर तक फैला हुआ था। भूकम्प के बाद ही सेनफ्रांसिस्को के अधिकतर भाग में आग लग गयी जिससे लगभग ७०० व्यक्तियों की मृत्यु हुई और ४० करोड़ डालर का नुकसान हुआ। इसकी समकम्प रेखाएँ, जो भ्रंश एवं पृथ्वी की चट्टानों से सम्बन्धित होती हैं, दीर्घवृत्ताकार (अण्डाकार) थीं। अनुमान है कि उत्केन्द्र के पास इसकी भूकम्पीय तीव्रता परिवर्तित मार्केली स्केल में X के लगभग थी। जो मकान मुलायम मिट्टी पर बने थे, उन्हें अधिक नुकसान हुआ परन्तु पहाड़ों की चट्टानों पर खड़े मकानों को विशेष हानि नहीं हुई। इस भूकम्प में विशेष बात यह थी कि सेनऐण्ड्रियास भ्रंश पर विस्थापन होने से पानी के नल टूट गये और उससे आग बुझाने के प्रयत्न में बाधा पड़ी।

इस भूकम्प का परिमाण रिक्टर स्केल में ८·३ था। इस भूकम्प के बारे में सबसे बड़ी महत्त्वपूर्ण बात यह हुई कि रीड नामक वैज्ञानिक ने प्रत्यास्थ सिद्धान्त के अनुसार भूकम्प के मुख्य कारण की नींव डाली। यहाँ अनुदैर्घ्य सर्पणभ्रंश (दाहिने हाथ की दिशा में) था जिसका सड़कों व मुँड़ेरों पर भूकम्प के प्रभाव को देखकर पता लगाया गया। इससे गोल्डेनगेट में जमीन साढ़े पन्द्रह फीट हटी जो कुछ स्थानों पर २१ फीट तक पहुँच गयी। इसी प्रकार एक बगीचे में रसभरी की कतारें १५ फीट हट गयीं। एक डेरी के सामने यूकेलिप्टस के कुछ पेड़ अपने झुण्ड की कतारों से एक साथ एक ओर हटे और कुछ पेड़ दूसरी ओर। पृथ्वी कई स्थानों पर फट गयी, और कहीं-कहीं दरारें दुबारा बन्द भी हो गयीं। उर्ध्वाधर दिशा में विस्थापन एक मीटर से अधिक कहीं भी नहीं पाया गया।

क्वाँतो भूकम्प (जापान) १९२३

जापान में १ सितम्बर १९२३ को टोकियो व इसके आसपास जो भूकम्प आया था उसे क्वाँतो का भूकम्प कहते हैं। इसमें ९९,३३१ व्यक्तियों की मृत्यु हुई और इसका वृहत् भूकम्पीय क्षेत्र २० लाख किलोमीटर क्षेत्रफल में था। ३८,००० व्यक्ति टोकियो के खुले क्षेत्र में होते हुए भी मर गये थे, क्योंकि वे समझ रहे थे कि वह सुरक्षित स्थान है। जब आग लगी

तो सभी जल गये। इसके अतिरिक्त लाइब्रेरी, संग्रहालय, वैज्ञानिक ग्रन्थ आदि बिलकुल नष्ट हो गये। इसका उत्केन्द्र टोकियो के दक्षिण-पश्चिम सगामी खाड़ी में पाया गया, जो टोकियो की खाड़ी से मियुरा पेनिनसुला द्वारा अलग होता है। ओशिया के द्वीप में सगामी की खाड़ी के दक्षिण सबसे अधिक विस्थापन पाया गया।

इस भूकम्प के बाद सगामी की खाड़ी में असाधारण परिवर्तन का पता चला। १६१२ के परीक्षणों से तुलना करने पर यह पता चला कि ओशिया के उत्तर की खाड़ी में १०० से २०० मीटर तक पृथ्वी नीचे धँस गयी थी।

सगामी की खाड़ी का सबसे गहरा भाग एक धँसी हुई खाई की तरह है जो पश्चिमी दिशा में जाकर, किनारों पर उठकर थल से मिल जाती है। ज्वारमापी यन्त्रों से स्यूनामी की ऊँचाई भी मापी गयी जो १० मीटर तक ऊँची थी।

इस भूकम्प का एक अनोखा प्रभाव यह था कि इसमें ज़ोरों का हिलना एक मिनट तक चालू रहा। भूकम्प अभियान्त्रिकी के लिए यह एक महत्त्वपूर्ण तथ्य है। सगामी की खाड़ी के सभी किनारे पानी से भर गये और १७०३ के भूकम्प की अपेक्षा कहीं अधिक विस्तृत क्षेत्र प्रभावित हुआ।

भूकम्प-पूर्वानुमान में इस भूकम्प का मुख्य स्थान इस कारण है कि क्वाँतो क्षेत्र में भूकम्प आने से पहले नतिमापी यन्त्रों द्वारा पृथ्वी के नीचे झुकने के संकेत प्राप्त हुए।

क्वाँतो क्षेत्र में इससे पहले १८५५ में भी एक भीषण भूकम्प ११ नवम्बर को १० बजे रात में आया था जिससे नगर में आग लग गयी थी। इसमें मृतकों की कुल संख्या (जलनेवालों को मिलाकर) लगभग ५०,००० थी और १७,४४४ मकान नष्ट हुए थे।

जापान की राजधानी टोकियो भी इसी क्षेत्र में है, अतः यहाँ के ऐतिहासिक भूकम्पों का अध्ययन करके ही पूर्वानुमान एवं बचाव के कार्यों को संयोजित किया जा रहा है।

नेवाडा भूकम्प (अमरीका) १९५४

अमरीका के नेवाडा क्षेत्र के जुलाई, अगस्त एवं दिसम्बर १९५४ में हुए भूकम्पों का विशेषज्ञों द्वारा अध्ययन किया गया था। यहाँ का मुख्य भूकम्प ६ जुलाई को हुआ जिसका परिमाण ६.५ रिक्टर स्केल में था। इसके बाद ही ६.४ परिमाण का एक भूकम्प ११ घण्टे बाद हुआ। बाद के झटके बहुत दिनों तक चले।

इस भूकम्प का मुख्य कारण रेनबो पहाड़ के पास से उत्तरी-दक्षिणी दिशा में स्थित एक भ्रंश था। रेनबो पहाड़ के नीचे भ्रंश ३६° से ५०° पश्चिम की ओर झुका हुआ है। यहाँ पर २३ अगस्त को दूसरा प्रमुख भूकम्प ६.८ परिमाण का आया। उसके बाद ही १६ दिसम्बर को उससे भी बड़ा ७.१ परिमाण का भूकम्प हुआ जिसके बाद के झटके कई महीनों तक आते रहे। इससे भ्रंश में लगभग १०० किलोमीटर तक हलचल पायी गयी। भ्रंश के उत्तरी क्षेत्र में कम-से-कम (सात) ७ फुट नति-सर्पण गति हुई। दक्षिण की ओर १२ फीट उर्ध्वाधर एवं लगभग इतना ही क्षैतिज दिशा में विस्थापन पाया गया।

इस भूकम्प का अध्ययन करने से पता चला कि भ्रंश से दूर दोनों ओर विस्थापन क्रमशः घटता गया। इस क्षेत्र में १९१५, १९३२ एवं १९३४ में भी भूकम्प आये थे। २ अक्टूबर १९१५ को आये भूकम्प के झटके प्लेजेण्ट घाटी से कैलिफोर्निया तक महसूस किये गये। इस भूकम्प का परिमाण ७.६ था।

भूकम्पीय कटक का अध्ययन करने के लिए नेवाडा क्षेत्र अच्छा स्थान है। भ्रंशीय कटक के पूर्व की ओर से लेकर एक पहाड़ को पार करती हुई एक मुँड़ेर थी जो भूकम्प के बाद पार्श्व दिशा में बिल्कुल नहीं हटी।

निगाता भूकम्प (जापान) १९६४

१६ जून १९६४ को ७.५ परिमाण का एक भीषण भूकम्प निगाता एवं यमागाता क्षेत्र में आया जिससे निगाता शहर में उसकी शक्ति की अपेक्षा कहीं अधिक नुकसान हुआ। इस शहर की अधिकतर भूमि में बालू

फैली हुई है, इसलिए अधिकतर क्षति ढीली बालू के द्रवित होने के कारण हुई। जिन इमारतों की गहराई तक मजबूत नीवें नहीं थीं, वे गुरुत्वीय केन्द्र की दिशा में या तो धँस गयीं अथवा झुक गयीं। पृथ्वी के अन्दर के नल आदि पृथ्वी की सतह से एक-दो मीटर की ऊँचाई पर तैरने लगे। खेतों में बालू के बहाव और मिट्टी से बने ज्वालामुखी-जैसे पहाड़ों से भूकम्प के २-३ मिनट बाद ही पानी निकलने लगा। पूरे शहर में दो-तीन सेण्टीमीटर बालू फैल गयी, मानो बालू की बाढ़ आ गयी हो। नये पुलों को अत्यधिक नुकसान हुआ। शिनानो नदी के ऊपर के पुल की पाँच लोहे की बल्लियाँ (लौहस्तम्भ) टूटकर गिर गयीं, जिसका मुख्य कारण उसकी नीवँ के खम्भों का मुड़ जाना था।

इस भूकम्प के बाद ही भूकम्प-इंजीनियरों के सामने यह प्रश्न उठा कि तराई अथवा बलुई मिट्टी के ऊपर मकान आदि बनाने के लिए कौन-से प्रयत्न किये जायें कि भूकम्प से सुरक्षित रह सकें। अब तक जापान में इस विषय पर बहुत-से अनुसन्धान किये जा चुके हैं।

तंगशान भूकम्प (चीन) १९७६

२८ जुलाई १९७६ की रात को यह विध्वंसक भूकम्प आया जिससे चीन के औद्योगिक नगर तंगशान एवं त्येनसिन में भीषण हानि हुई। अनुमान है कि इससे लगभग ७ लाख व्यक्तियों की मृत्यु हुई। यहाँ से १६० किलोमीटर दूर पीकिंग में भी भूकम्प के झटकों से ५० से अधिक व्यक्तियों की मृत्यु हुई। इसके ठीक १४ घण्टों के बाद एक और शक्तिशाली भूकम्प आया जिससे और भी जानें गयीं। त्येनसिन क्षेत्र में आस्ट्रेलिया के भूतपूर्व प्रधान मन्त्री जिस होटल में ठहरे थे, वह दो भागों में टूट गया। हजारों मकान ढह गये। पीकिंग और पूर्वी क्षेत्र के बीच यातायात पूरी तरह रुक गया था। बाद के झटकों की आशंका रहने के कारण महीनों तक पीकिंग की जनता खुले मैदान में सोती रही जहाँ अक्सर भीषण वर्षा हो जाती थी। इस क्षेत्र में इतना बड़ा भूकम्प पहली बार ही आया है।

अमरीका के भूविज्ञान सर्वेक्षण विभाग के अनुसार इस भूकम्प का परिमाण ८.२ एवं बाद के झटके का ७.८ था। उत्केन्द्र के पास तीव्रता X

का अनुमान किया गया है, परन्तु सम्भव है कि कुछ स्थानों पर तीव्रता XI भी पहुँच गयी हो। भारत मौसम विज्ञान विभाग की सभी वेधशालाओं में यह भूकम्प एवं बाद के प्रमुख झटके रिकार्ड किये गये। इन पंक्तियों के लेखक के अनुसार इस भूकम्प का कारण उत्तर-पूर्वी दिशा में स्थित क्षेप भ्रंश था। यह भूकम्प 'रिक्त' स्थान में हुआ जहाँ अधिक तीव्रता के भूकम्प पिछले १५ वर्षों में नहीं आये थे।

४

भूकम्पों का भौगोलिक वितरण

भूकम्पीय पट्टियाँ

जैसा कि हम पढ़ चुके हैं, भूकम्पों के भौगोलिक वितरण के विषय में भूकम्पलेखियों के आविष्कार से पहले जो सूचना प्राप्त होती थी, वह केवल उनके प्रभावों पर आधारित थी। इससे मुख्यत: विध्वंसक भूकम्पों के विषय में ही जानकारी प्राप्त हो पाती थी। कुछ देशों में, जैसे जापान व यूरोप में जहाँ घनी आबादी होती थी, छोटे भूकम्पों की भी अधिकता पायी गयी। भूकम्पलेखियों द्वारा अब यह स्पष्ट हो गया है कि यद्यपि छोटे भूकम्प प्राय: सभी स्थानों पर आते हैं, पर विध्वंसक भूकम्प केवल कुछ ही क्षेत्रों में सीमित हैं। १९०४-१९५२ के वर्षों की घटनाओं के आधार पर गुटेनबर्ग एवं रिक्टर नामक वैज्ञानिकों ने विश्व में भूकम्पों का भौगोलिक वितरण प्रकाशित किया। १९६२ से अमरीका द्वारा विश्व-भर में ११८ संवेदनशील वेधशालाएँ खोले जाने के बाद भूकम्प की पट्टियाँ और भी स्पष्ट रूप से दिखलायी पड़ने लगीं। इसके साथ ही भूकम्प की नाभीय गहराई भी काफी हद तक सही-सही निकाली जा सकी। १९६२-१९६७ के वर्षों पर आधारित भूकम्पों का वितरण चित्र-३ में दिखलाया गया है। इससे भूकम्पों की तीन प्रमुख पटिटयाँ स्पष्ट

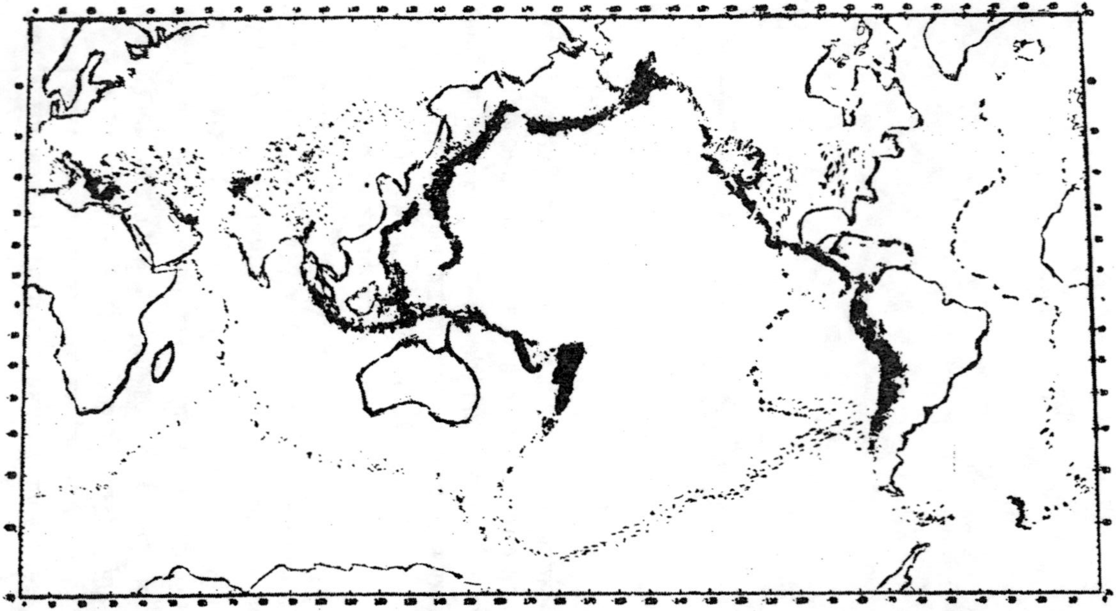

चित्र-३
विश्व की भूकम्प-पट्टियाँ (१९६२-१९६७)

होती हैं :

१. प्रशान्त महासागर के चारों ओर के महाद्वीपों की निकटवर्ती पट्टी।

२. मध्य एटलाण्टिक से लेकर पूर्वी अफ्रीका व ईस्टर द्वीप की पट्टी।

३. एशिया व यूरोप की पट्टी जिसमें हिमालय क्षेत्र प्रमुख है।

भूकम्पनीयता की दृष्टि से प्रशान्त महासागर के महाद्वीपों के समुद्री किनारों के पास सबसे अधिक भूकम्प होते हैं। यह पट्टी दक्षिणी प्रशान्त महासागर से आरम्भ होकर चीन के पूर्वी भाग से जापान होती हुई बेरिंग सागर तक पहुँचती है। उसी की शाखा अमरीकी पर्वतश्रेणी से होकर दक्षिण अमरीका के दक्षिण-पश्चिम में जा मिलती है। इसमें महत्त्वपूर्ण बात यह है कि प्रशान्त महासागर के मध्य में भूकम्प नहीं के बराबर होते हैं। जो शाखा सुमात्रा, अन्दमान, बर्मा, हिमालय, ईरान और टर्की को पार करती हुई मध्य एटलाण्टिक महासागर में जा मिलती है, उसे एल्पाइड पट्टी (बेल्ट) भी कहते हैं। तीसरी पट्टी साइबेरिया के उत्तरी तट से आरम्भ होकर आर्कटिक से होती हुई मध्य एटलाण्टिक महासागर तक जाती है जो घूमकर हिन्द महासागर होती हुई पहली पट्टी से आस्ट्रेलिया के निकट मिल जाती है। वे क्षेत्र जहाँ पर भूकम्प बहुत ही कम आते हैं उनमें कनाडा, फेनोस्कैण्डिया, ब्राजील, उत्तरी एशिया, पश्चिमी आस्ट्रेलिया, अफ्रीका और अरब देश सम्मिलित हैं।

तालिका-२ में भूकम्पीय ऊर्जा का भौगोलिक वितरण दिखाया गया है। यह १९०६-१९६७ के वर्षों में आये ७.९ परिमाण से बड़े भूकम्पों पर आधारित है। इससे स्पष्ट होता है कि इतने वर्षों में कुल ऊर्जा २.४×१०^{२६} अर्ग उत्पन्न हुई जिसमें से ७७ प्रतिशत ऊर्जा केवल प्रशान्त क्षेत्र में ही बाहर निकली। भूकम्पनीयता जापान एवं चिली में सबसे अधिक पायी जाती है।

भूकम्पों के भौगोलिक वितरण को देखने से यह स्पष्ट हो जाता है कि अधिकतर भूकम्प या तो नयी पर्वतश्रेणियों के निकट होते हैं अथवा सक्रिय विवर्तनी क्षेत्रों में समुद्रतटों के आसपास। कभी-कभी भूकम्पों को ज्वालामुखी फटने से भी सम्बन्धित किया जाता है, परन्तु इस प्रकार के भूकम्पों

की शक्ति बहुत कम होती है। जैसाकि हम अगले अध्याय में देखेंगे अधिकतर भूकम्प विवर्तनी हलचलों के कारण ही होते हैं।

एक महत्त्वपूर्ण बात यह है कि उत्तरी गोलार्द्ध की भूकम्पनीयता भूमध्य-रेखा के दक्षिण की अपेक्षा कहीं अधिक है। बड़े भूकम्पों में दस प्रतिशत से भी कम ३०° दक्षिणी अक्षांश में होते हैं।

नाभीय गहराई के अनुसार भूकम्पों को तीन भागों में विभाजित किया जाता है :

१. उथले भूकम्प, ० से ६० किलोमीटर

२. मध्य गहराई के भूकम्प, ६०-४५० किलोमीटर

३. गहरे भूकम्प, ४५०-७०० किलोमीटर

अभी तक ७२० किलोमीटर से नीचे पृथ्वी में भूकम्प नहीं पाये गये हैं। ३०० किलोमीटर गहरे भूकम्प प्रशान्त महासागर में अक्सर ही आते रहते हैं। इसी प्रकार हिन्दूकुश पर्वतीय क्षेत्र के भूकम्पों की नाभीय गहराई भी २२० किलोमीटर तक पहुँच जाती है जिनके झटके कभी-कभी दिल्ली तक अनुभव किये जाते हैं।

गहरे भूकम्पों के वितरण को देखने से यह भी पता चलता है कि उनके उत्केन्द्र ढलानों पर स्थित रहते हैं अर्थात् वे महाद्वीपों के नीचे लगभग ४५° का कोण बनाते हैं। क्यूराइल क्षेत्र में उथले भूकम्प लगभग ३५° के कोण बनाते हुए समतल पर स्थित हैं और गहरे भूकम्पों से उत्केन्द्र ५८° के कोणवाले समतल पर पाये गये हैं। इन परिणामों से 'प्लेट विवर्तन सिद्धान्त' की पुष्टि होती है। (अध्याय-५)

महासागरों के बीच (जैसे एटलाण्टिक महासागर) में भी पहाड़ियों की तरह ऊँची-ऊँची चट्टानें पायी जाती हैं जिनको कटक कहते हैं। इन स्थानों पर भी विवर्तनी कारणों से उथले भूकम्प होते रहते हैं और उनकी शक्ति ६ परिमाण से अधिकतर कम ही रहती है। हिन्द महासागर में भी ६०° देशान्तर के पास एक कटक है। इसी प्रकार अरब सागर के दक्षिण की कटक को कार्ल्सबर्ग कटक कहते हैं जहाँ अक्सर उथले भूकम्प होते रहते हैं।

भूकम्पीय सांख्यिकी

हम भलीभाँति परिचित हैं कि बड़े नक्षत्रों की संख्या, छोटों की अपेक्षा

बहुत ही कम होती है। इसी प्रकार यदि एक काँच का टुकड़ा गिरकर टूट जाये तो बड़े टुकड़ों की संख्या छोटों की अपेक्षा कहीं कम होती है। यही बात भूकम्पों के लिए भी लागू है। भूकम्पों की संख्या व उनके परिमाण के बीच निम्न सम्बन्ध पाया गया है :

$$\text{लघु}_{10}\ N = a - bM \qquad \cdots(3)$$

यहाँ a व b नियतांक हैं जो उस स्थान की भूकम्पनीयता प्रकट करते हैं। M भूकम्प का परिमाण व N भूकम्पों की संख्या निश्चित क्षेत्र व समय में गणना करके निकाली जाती है। इस समीकरण में नियतांक 'b' का भूकम्प-विशेषज्ञों में बड़ा महत्त्व है। कुछ लोगों का मत है कि विश्व के सभी स्थानों में 'b' का स्थान लगभग ०.९० रहता है और कुछ का मत है कि इसका मान बदलता रहता है। प्रयोगशाला में चट्टानों के ऊपर ऊँचे दाब पर प्रयोग करने से पता लगा है कि 'b' का मान प्रतिबल की मात्रा पर निर्भर करता है। यही कारण है कि पृथ्वी में भी 'b' को विवर्तनी क्षेत्रों की बनावट व प्रतिबल से सम्बन्धित किया जाता है। लेखक व उनके साथियों के अनुसार 'b' का मान हिन्दूकुश क्षेत्र में १.५, नेपाल-भारत सीमा के पास ०.८, हिमालय में ०.९५, दिल्ली के आसपास ०.९ व पांग (हिमाचल प्रदेश) में ०.८५ पाया गया है। 'b' का मान किसी स्थान पर बड़ा भूकम्प होने के बाद के झटकों से भी निकाला जाता है। बाद के भूकम्पों से भारत में किन्नौर क्षेत्र (१९७५) में ०.८६, अनन्तनाग (१९६७) में ०.६०, नेपाल-भारत सीमा (१९६६) में ०.६५, कोयना (१९६७) में १.१ के मान पाये गये हैं। लेखक और श्री बी० पी० काम्बले के अनुसार बाद के भूकम्पों द्वारा 'b' के मान को उस स्थान की भूकम्पनीयता अर्थात् दूसरे भूकम्पों द्वारा निकाले गये मान से सम्बन्धित करने में कुछ कठिनाइयाँ उत्पन्न होती हैं।

भूकम्पीय ऊर्जा E को भी भूकम्पीय परिमाण से निकाल सकते हैं। भूकम्पीय परिमाण कई प्रकार के होते हैं जैसे पिण्ड तरंगों से या पृष्ठीय (सरफेस) तरंगों द्वारा निकाले गये। यदि 'm' परिमाण को पिण्ड तरंगों से निकाला गया हो :

$$\text{लघु}_{10}\ E = 5{\cdot}8 + 2{\cdot}4\ m \qquad \cdots(4)$$

इसी प्रकार यदि भूकम्प का परिमाण M_L वुड एण्डरसन नामक यन्त्र से निकालें :

$$लघु_{10} E = 9{\cdot}9 + 1{\cdot}5M_L - 0{\cdot}024M_L^{२} \quad \cdots (5)$$

यदि भूकम्पीय परिमाण M को पृष्ठीय तरंगों से निकालें तो

$$लघु_{10} E = 12{\cdot}24 + 1{\cdot}44\ M \quad \cdots (6)$$

यदि विश्व के भूकम्पों की ऊर्जा का गहराई के अनुसार अध्ययन किया जाये तो यह स्पष्ट हो जाता है कि उसकी संख्या ४०० किलोमीटर गहराई तक घटती जाती है, फिर ४२५ किलोमीटर से ४७५ किलोमीटर के बीच सबसे कम हो जाती है। उसके बाद ४७५ से ७०० किलोमीटर तक उसकी संख्या दुबारा बढ़ जाती हैं।

कुछ भूकम्पों की भूकम्पीय ऊर्जाएँ तालिका ३ में दी गयी हैं जिनसे यह स्पष्ट होता है कि भूकम्पीय ऊर्जा व मृतकों की संख्या में कोई विशेष सम्बन्ध नहीं है। यदि भूकम्प उथले व घनी आबादी के निकट हो तो निश्चय ही अधिक हानि होगी। यही कारण था कि यद्यपि १९६६ में ताशकन्द क्षेत्र के भूकम्प यद्यपि केवल पाँच परिमाण के लगभग थे, परन्तु उनसे अपार क्षति हुई। भारतीय भूकम्पों की ऊर्जा से भूकम्पनीयता सम्बन्धी अध्ययन सर्वप्रथम डॉ० आर० के० ए० एस० चौहान (धनबाद) ने किया था।

भूकम्प अभियान्त्रिकी

भूकम्पीय क्षेत्रों में मकान, पुल आदि बनाने के लिए उस स्थान की भूकम्पनीयता का अध्ययन करना आवश्यक है। इसी दृष्टिकोण से भूकम्पनीयता कटिबन्ध का मानचित्र बनाया जाता है। जिन देशों में विस्तारपूर्वक ऐतिहासिक भूकम्पों की सूची एवं भ्रंशों के विषय में जानकारी उपलब्ध है, वहाँ पर विशेष कठिनाई नहीं होती है। परन्तु अधिकतर स्थानों में या तो इनके विषय में बहुत ही कम सूचना प्राप्त है अथवा इतनी अल्पकालिक है कि सांख्यिकी युक्ति का प्रयोग नहीं हो सकता है। इस कमी को दूर करने के लिए कुछ वर्षों तक सुग्राहिता भूकम्पलेखी लगाकर छोटे भूकम्पों की सहायता से वहाँ की भूकम्पनीयता का अनुमान लगाया जाता है।

भूकम्पीय चित्रों को दो भागों में बाँटा जा सकता है :

१. जो केवल ऐतिहासिक तथ्य पर ही निर्भर रहते हैं। यह मान लिया जाता है कि भूकम्पनीयता का जो नमूना पहले प्राप्त हो चुका है, वही भविष्य में भी प्राप्त होता रहेगा।

२. जो भूकम्पीय इतिहास पर मुख्यत: निर्भर रहते हैं परन्तु विवर्तनी हलचलों एवं भ्रंशों को भी ध्यान में रखते हैं। उदाहरण के लिए यदि भूकम्प नहीं भी हुए परन्तु वहाँ पर सक्रिय भ्रंश हैं तो भूकम्पों की सम्भावना होगी। भ्रंश की सक्रियता के विषय में सूचना भूकम्पलेखियों द्वारा प्राप्त की जा सकती है।

पहले तरीके में ऐतिहासिक भूकम्पों के चारों ओर समकम्प रेखाएँ खींचकर भूकम्पीय तीव्रता का मान किसी भी स्थान में निकाल सकते है।

इसमें मुख्य कमी यह है कि भविष्य में भी उतना ही क्षतिकारी भूकम्प अमुक स्थान पर होना आवश्यक नहीं है जितना कि ऐतिहासिक भूकम्प के उत्केन्द्र को मानकर तीव्रता निकालने के क्रम में प्रयुक्त किया गया था। अत: आजकल भूकम्पलेखियों द्वारा सांख्यिकी युक्ति के समीकरण (३) द्वारा यह निष्कर्ष निकाल लेते हैं कि अमुक स्थान पर अमुक परिमाण का भूकम्प कितने वर्ष में होगा! उसके बाद परिमाण को तीव्रता में बदलकर इंजीनियरों को सूचना दे दी जाती है।

भारत का भूकम्पनीयता कटिबन्ध मानचित्र

१९६० में भारत मानक संस्थान ने रुड़की विश्वविद्यालय के उपकुलपति डॉ० जयकृष्ण की अध्यक्षता में एक कमेटी बनायी गयी जिसे देश के लिए एक भूकम्पनीयता कटिबन्ध मानचित्र बनाने का कार्य सौंपा गया। इसे आई-एस-१८९३ कोड के रूप में १९६२ ई० में प्रकाशित किया गया। इस पुस्तक में निम्न चित्र भी प्रकाशित किये गये हैं :

१. भारत व उसके आसपास के भूकम्प उत्केन्द्र व परिमाण।

२. प्रमुख भ्रंश आदि।

३. विभिन्न क्षेत्रों में भूगर्भीय सूचना।

४. अधिकाधिक तीव्रता—कुछ प्रमुख शहरों में।

भारतीय भूकम्पनीयता कटिबन्ध दिखाने के लिए देश को पाँच कटिबन्धों में बाँटा गया है। क्षेत्र एक में भूकम्पीय तीव्रता I से लेकर V तक (परिवर्तित मार्केली मापक्रम के अनुसार), क्षेत्र दो में तीव्रता VI, क्षेत्र तीन में तीव्रता VII, क्षेत्र चार में तीव्रता VIII एवं क्षेत्र पाँच में तीव्रता IX तक होती है। १९६७ के कोयना भूकम्प के बाद कुछ संशोधन किये गये जिसमें विवर्तनी कारणों की ओर अधिक ध्यान रखा गया। अभी हाल में १९७६ में इस कोड में इस ओर भी ध्यान दिलाया गया है कि कोई निर्माण-कार्य कितना आवश्यक है। उदाहरण के लिए यदि कोई आणविक रिएक्टर (न्यूक्लियर रिएक्टर) बनाना है, तो भूकम्पीय गुणांक का मान कुछ अधिक लेना होगा जिससे यदि अपेक्षाकृत कुछ बड़ा भी भूकम्प आये तो वह नष्ट न हो।

आजकल कोई भी निर्माण-कार्य प्रारम्भ करने से पहले भूकम्पीय गुणांक की आवश्यकता इंजीनियरों को होती है। इसके आँकड़े भूकम्प-विशेषज्ञों द्वारा प्राप्त किये जाते हैं। कभी-कभी कोई स्थान दो विभिन्न भूकम्पीय कटिबन्धों के बीच में स्थित होता है, उसके लिए भूकम्पनीयता गुणांक निकालने में भी भूकम्प-विशेषज्ञ सहायता करते हैं। यहाँ यह स्पष्ट होना चाहिए कि भूकम्पीय गुणांक का सही मान जानना इस कारण आवश्यक है कि यदि इसका मान अधिक ले लिया जाता है तो बाँधों, पुलों आदि की लागत बहुत ही अधिक बढ़ जाती है। इसके विपरीत यदि उसका मान कम ले लिया जाये तो भूकम्प से नष्ट होने की सम्भावना बढ़ जाती है।

भूकम्पीय गुणांक क्या है ?

भूकम्पीय कटिबन्ध मानचित्र से किसी स्थान पर भूकम्पीय तीव्रता निकाल सकते हैं। उसके बाद उस स्थान पर इससे कितना क्षैतिज त्वरण होगा, यह भी कुछ समीकरणों द्वारा निकाला जा सकता है। भूकम्पीय गुणांक में क्षैतिज त्वरण के अतिरिक्त उस स्थान की चट्टानों आदि की सूचना, मकान आदि का आवर्त काल, सांख्यिकी द्वारा निकाले गये विभिन्न भूकम्पों की परिमाण और भूकम्पीय जोखिम भी सम्मिलित हैं।

भारत में केन्द्रीय जल आयोग ने एक कमिटी बनायी है जिसमें भूकम्प-

विशेषज्ञ, भूविज्ञानी एवं इंजीनियर सम्मिलित हैं जो देश में नदियों पर बाँध बनाने से पहले भूकम्पीय गुणांक तय करते हैं।

भूकम्पीय त्वरण मापने के लिए त्वरणमापी यन्त्र भी बनाये गये हैं जो भूकम्पीय क्षेत्रों में लगाये जाते हैं। त्वरण, भूकम्पीय तीव्रता एवं परिमाण एक-दूसरे से सम्बन्धित हैं और विभिन्न स्थानों में समीकरणों द्वारा इनकी गणना करनी पड़ती है। भारत में इस विषय में अभी भी अनुसन्धान आवश्यक है।

तालिका-२

भूकम्पनीय ऊर्जा का भौगोलिक वितरण (१९०४-१९६७)

क्षेत्र	ऊर्जा (प्रतिशत)
एलास्का	४.३
पश्चिमी उत्तरी अमरीका	१.०
मेक्सिको-केन्द्रीय अमरीका	४.२
दक्षिणी अमरीका	१६.२
दक्षिण-पश्चिम प्रशान्त महासागर-फिलीपीन द्वीप	२६.५
जापान-रियकू	१५.८
क्यूराइल द्वीप-कामचटका	५.८
एल्यूशियन द्वीप	३.०
केन्द्रीय एशिया-टर्की	१६.९
हिन्द महासागर	४.५
एटलाण्टिक महासागर	१.६

तालिका-३

भूकम्पों की ऊर्जा एवं मृतकों की संख्या

भूकम्प	ऊर्जा (अर्ग $\times 10^{17}$)	मृतकों की संख्या
एलास्का, २८ मार्च १९६४	१०,०००	११४
क्यूराइलद्वीप, १३ अक्टूबर १९६३	४,०००	०
जियोर्गिया, रुस, २६ जुलाई १९६३	१००	०
स्कापजे, २६ जुलाई १९६३	५	११००
अगादरि, २९ फरवरी १९६०	१	१०,०००-१५,०००

५

भूकम्प के कारण

विवर्तनी व ज्वालामुखी भूकम्प

भूकम्प मुख्यत: दो प्रकार के होते हैं। एक विवर्तनी कारणों से और दूसरे ज्वालामुखी से। विध्वसक श्रेणी में विवर्तनी भूकम्प ही आते हैं जिनमें उथले व गहरे दोनों तरह के भूकम्प सम्मिलित हैं।

ज्वालामुखी फूटने से मैगमा चट्टानों द्वारा ऊपर की ओर निकलता है और ज्वालामुखी भूकम्प उत्पन्न करता है। इस प्रकार के भूकम्प बहुत ही कम शक्ति के होते हैं और अधिकतर इनका पूर्वानुमान किया जा सकता है। इस प्रकार के भूकम्प जापान, कामचटका और न्यूज़ीलैण्ड आदि देशों में ज्वालामुखी फूटने से होते हैं।

विवर्तनी भूकम्प के लिए आवश्यक है कि चट्टानों में प्रतिबल धीरे-धीरे इकट्ठा हो सके और वे इतनी मजबूत हों कि प्रतिबल की मात्रा इतनी अधिक एकत्रित (जैसे $१०^{२०}$-$१०^{२५}$ अर्ग) हो सके कि उनकी सहनशक्ति से बाहर हो जायें।

इन अवस्थाओं में चट्टानें या तो किसी दरार के साथ खिसक जाती हैं या नयी दरार बना लेती हैं। चट्टानों में जो लम्बी-लम्बी दरारें पड़ जाती हैं उनको भ्रंश कहते हैं। दो विभिन्न प्रकार की चट्टानों के बीच भी भ्रंश

होते हैं। भ्रंश के दोनों आर की सापेक्ष गतिमयता अथवा खिसकने से उत्पन्न झटकों को विवर्तनी भूकम्प कहते हैं।

दो चट्टानों के बीच कई प्रकार की गतियाँ हो सकती हैं। यदि वह एक-दूसरे की अपेक्षा क्षैतिज दिशा में खिसकें, तो उस गति को अनुदैर्ध्य सर्पण भ्रंश (या विभंग) कहेंगे। इन चट्टानों में से बायीं ओर की चट्टान खिसकी या दाहिनी ओर की, इसका पता भी लगाया जा सकता है। इसी प्रकार यदि दो चट्टानें एक-दूसरे की अपेक्षा ऊर्ध्वाधर दिशा में खिसकती हैं तो उसे नति सर्पण भ्रंश (या विभंग) कहते हैं। अधिकतर चट्टानों में दोनों ही प्रकार की गतियाँ सम्मिलित होती हैं। चट्टानें ऊर्ध्वाधर से जो कोण बनाती हैं उसको नमन कोण कहते हैं। भ्रंशों में स्थिर चट्टान के दूसरी ओर वाली यदि नीचे की ओर (गुरुत्वीय प्रभाव की तरह) खिसकती है तो उसे सामान्य (नार्मल) भ्रंश कहते हैं। इसके विपरीत यदि वही चट्टान ऊपर की ओर चढ़ती है तो उसे क्षेप भ्रंश कहते हैं। भ्रंश किस ओर (दिशा में) स्थित है, उसका नमन कोण कितना है और वह किस ओर झुका है, इसकी सूचना निम्न प्रकार प्राप्त होती है :

१. बाद के भूकम्पों की उत्केन्द्र से दूरी को नाभीय गहराई के अनुसार अंकित करके। भ्रंश उसी ओर झुका होता है जिस ओर अपेक्षाकृत गहरे भूकम्प होते हैं।
२. पी, एस व पृष्ठीय तरंगों से भ्रंश तलहलों द्वारा, जिनका विवरण इस पुस्तक में सम्भव नहीं है।
३. समकम्प रेखाओं द्वारा।

पृथ्वी का सिकुड़ना

भूकम्पों का एक और कारण भी समझा जाता है। पृथ्वी अपनी पिघली हुई पूर्व अवस्था में नहीं है, यह लाखों वर्षों से लगातार ठण्डी होती जा रही है तथा इसी प्रक्रिया में उसका ऊपरी पृष्ठ भाग भी धीरे-धीरे सिकुड़ता जा रहा है। सिकुड़ते-सिकुड़ते एक ऐसी स्थिति उत्पन्न हो जाती है जब भूपृष्ठ का सम्पूर्ण द्रव्य नीचे की परत अर्थात् प्रावरण में आसानी से नहीं समा पाता। इससे भूपृष्ठ पर तनाव पड़ता है और उसमें विकृति आ

जाती है। इसके फलस्वरूप उसमें तोड़-मरोड़ उत्पन्न हो जाती है अर्थात् भ्रंश होते हैं और भूकम्प आ जाते हैं। पृथ्वी की जो सतहें ऊपर खिची चली आती हैं, वही पर्वत का रूप धारण कर लेती हैं। हिमालय पर्वत की रचना भी इसी प्रकार समझी जा सकती है।

प्लेट विवर्तन (टेक्टानिक्स) सिद्धान्त

जैसा हम चौथे अध्याय में पढ़ चुके हैं, भूकम्प की प्रमुखता कुछ ही पट्टियों में होती है। इसको समझने में नया प्लेट विवर्तन सिद्धान्त बहुत ही उपयोगी सिद्ध हुआ है।

वर्तमान अन्वेषणों से पता चला है कि विभिन्न भूगर्भीय कालों में ध्रुवों एवं महाद्वीपों की स्थिति बदलती रहती है। वैगनर नामक वैज्ञानिक का महाद्वीपीय प्रवाह-सिद्धान्त इसी बात की पुष्टि करता है। उनके अनुसार आज से २८ करोड़ वर्ष पहले सभी महाद्वीप आपस में जुड़े हुए थे। इसका पता इस बात से चलता है कि अफ्रीका के पूर्वी तट की रेखा एवं दक्षिणी अमरीका की पश्चिमी रेखा एक-दूसरी से मिलती-जुलती हैं। आजकल यद्यपि ये दोनों किनारे एक-दूसरे से ५००० किलोमीटर से भी अधिक दूर हो गये हैं, परन्तु दोनों ही महाद्वीपों के इन किनारों में एक ही प्रकार के वानस्पतिक और अन्य प्रमाण भी पाये जाते हैं। इसके अतिरिक्त दक्षिणी ध्रुव कभी केपटाउन के निकट था एवं दक्षिण भारत तब आस्ट्रेलिया और अफ्रीका से मिला हुआ था। जहाँ पर आजकल हिमालय पर्वत है, वहाँ ट्राइसिक व जुरेसिक युगों में टेथिस सागर हिलोरें ले रहा था। महाद्वीपीय हलचलों के बाद ही उनके आपस में टकराने से लम्बी-लम्बी दरारें उत्पन्न होने लगीं जहाँ पर भूकम्प की प्रमुख पट्टियाँ बनीं।

'प्लेट' शब्द का प्रयोग पृथ्वी के पृष्ठ एवं प्रावरण के उस भाग के लिए किया जाता है जिसकी मोटाई ५० से १०० किलोमीटर (स्थल मण्डल क्षेत्र में) होती है। इन प्लेटों में महाद्वीपों के साथ-साथ समुद्र के भाग भी सम्मिलित हैं। प्लेटों के साथ-साथ महाद्वीप उसी प्रकार खिसकते हैं जैसे रेलगाड़ी के साथ यात्री सफर करते हैं। ये इतनी कड़ी होती हैं कि न तो मुड़ती हैं और न ही टूटती हैं। केवल टकराने से इनके किनारों पर विकृति

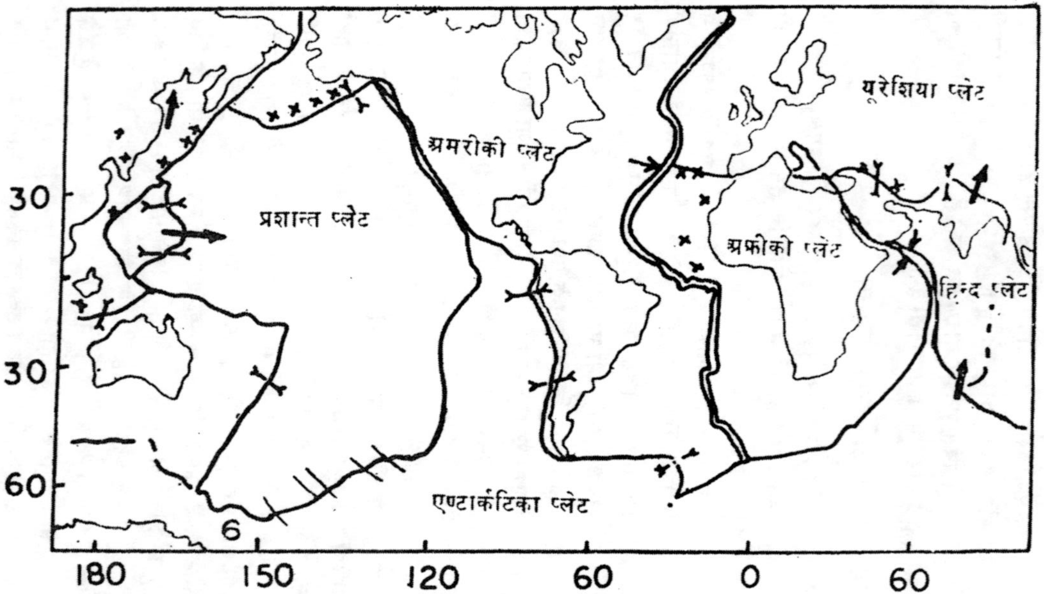

चित्र-४

विश्व की प्रमुख प्लेटें

अथवा दरारें उत्पन्न हो जाती हैं। कुछ प्रमुख प्लेटों के नाम निम्न प्रकार हैं :

अमरीका प्लेट, प्रशान्त प्लेट, हिन्द प्लेट, यूरेशिया प्लेट, अफ्रीका प्लेट, अण्टार्किटक प्लेट आदि।

स्थल मण्डल के नीचे, पृथ्वी की परत मुलायम (कम दृढ़) परन्तु सघन होती है जिस पर प्लेटें चलती हैं।

यह प्लेटें चित्र ४ में दिखलायी गयी हैं। यदि इनकी तुलना भूकम्पों के भौगोलिक वितरण (चित्र ३) से की जाये, तो स्पष्ट होगा कि जहाँ पर दो प्लेटें आपस में टकराती हैं, वहीं पर भूकम्प आते हैं। प्लेटें आपस में तीन तरह से टकरा सकती हैं। जब दो प्लेटें एक-दूसरे की अपेक्षा केवल क्षैतिक दिशाओं में सरक जाती हैं तो बहुत बड़े भ्रंश बनाती हैं जैसे अमरीका का सेन एण्ड्रियास भ्रंश। दूसरे प्रकार से प्लेटें टकराकर एक-दूसरे के अन्दर घुस सकती हैं। हिमालय क्षेत्र में हिन्द प्लेट, यूरेशिया प्लेट में घुसकर, बड़ी-बड़ी दरारें उत्पन्न कर रही है जहाँ विश्व के सबसे अधिक विध्वंसक भूकम्प आये हैं। फिर भी यहाँ हिन्दूकुश के अतिरिक्त गहरे भूकम्प और कहीं नहीं आते हैं क्योंकि महाद्वीपों के नीचे की परतें इतनी कड़ी हैं कि भारतीय प्लेट बहुत गहराई तक नहीं घुस पाती है। हिन्द प्लेट उत्तर-पूर्व की ओर पाँच सेण्टीमीटर प्रति वर्ष की गति से बढ़ रही है। अनुमान है कि लगभग १३५ लाख वर्ष बाद उत्तर प्रदेश व बिहार का काफी भाग हिमालय के अन्दर समा जायेगा।

यदि प्लेटें टकराकर किसी कारण से अलग हट जायें तो इसको तीसरे रूप से टकराना कहते हैं। पृथ्वी के इन क्षेत्रों में समुद्र के अन्दर की पहाड़ियाँ सम्मिलित हैं जहाँ ज्वालामुखी लावा ऊपर निकलकर समुद्रतल पर ठण्डा होकर जमा होता गया। इनको समुद्री कटक कहते हैं। समुद्री चट्टानों से भूचुम्बकीय अध्ययन द्वारा भी इसकी पुष्टि हो चुकी है कि पृथ्वी के अन्दर का पदार्थ बाहर की ओर निकलकर कटक के दोनों ओर फैल जाता है। प्रावरण में तापमानों के विशेष प्रकार के वितरण के कारण यह संवाहन धाराओं द्वारा ऊपर की ओर निकलता है। कटकों में उथले एवं अपेक्षाकृत छोटे भूकम्प ही आते हैं।

प्लेट विवर्तनी सिद्धान्त से गहरे भूकम्पों के कारणों को समझने में भी सहायता मिली है। उदाहरण के लिए प्रशान्त क्षेत्र में गहरे भूकम्प प्रशान्त प्लेट के यूरेशियन प्लेट में घुसने के कारण उत्पन्न होते हैं जहाँ समुद्री पृष्ठ में घर्षण प्रतिरोधकता कम होती है। इन क्षेत्रों के भूभाग समुद्रों में डूबते जाते हैं और इससे महाद्वीपीय क्षेत्रफल कम होता जाता है।

जब बड़ा भूकम्प प्लेट के सीमावर्ती क्षेत्रों में न होकर उसके अन्दर ही हो जाता है जैसे १८१९ का कच्छ क्षेत्र का भूकम्प अथवा २८ जुलाई १९७६ का तंगशान भूकम्प—तब प्लेट टेक्टानिक्स से समझाना दुष्कर हो जाता है। इस कमी को दूर करने के लिए कभी-कभी बड़ी प्लेटों को छोटी प्लेटों में विभाजित करना पड़ता है अथवा उसकी सीमा में परिवर्तन कर दिया जाता है। हिन्द प्लेट की उत्तरी सीमा अभी भी विवादपूर्ण विषय है। इसी प्रकार इतनी भारी व मोटी प्लेटें किस प्रकार ऊपरी प्रावरण की मृदुल परत पर धकेलकर चलायी जा सकती हैं, यह भी निश्चित नहीं हो सकता है।

प्लेट विवर्तन सिद्धान्त से पर्वतों की उत्पत्ति को समझने में भी सहायता प्राप्त होती है। इसके अनुसार हिमालय पर्वत की उत्पत्ति का मुख्य कारण यह है कि उत्तरी-पूर्वी दिशा में खिसकती हुई हिन्द प्लेट के धीरे-धीरे यूरेशिया प्लेट में घुसने से वहाँ का भूपृष्ठ मोटा पड़ता गया और फिर भू-सन्तुलन के कारण, हिमालय की श्रेणियाँ ऊपर उठती गयीं। जब दोनों प्लेटों में से एक प्लेट का भूपृष्ठ थलीय न होकर समुद्री हो, तब समुद्री भूपृष्ठ थलीय प्लेट में घुसने पर कम ऊँचाई के पर्वत ही बन पाते हैं।

भारतीय भूकम्पों के कारण

भूकम्पनीयता का अध्ययन करने के लिए यह जानना आवश्यक है कि भूकम्प किन विवर्तनी कारणों से उत्पन्न होते हैं। इसके लिए भारत को छह भागों में विभाजित किया जा सकता है :

१. कश्मीर व पश्चिमी हिमालय।

२. नेपाल हिमालय।

३. असम (उत्तर-पूर्वी भारत)।

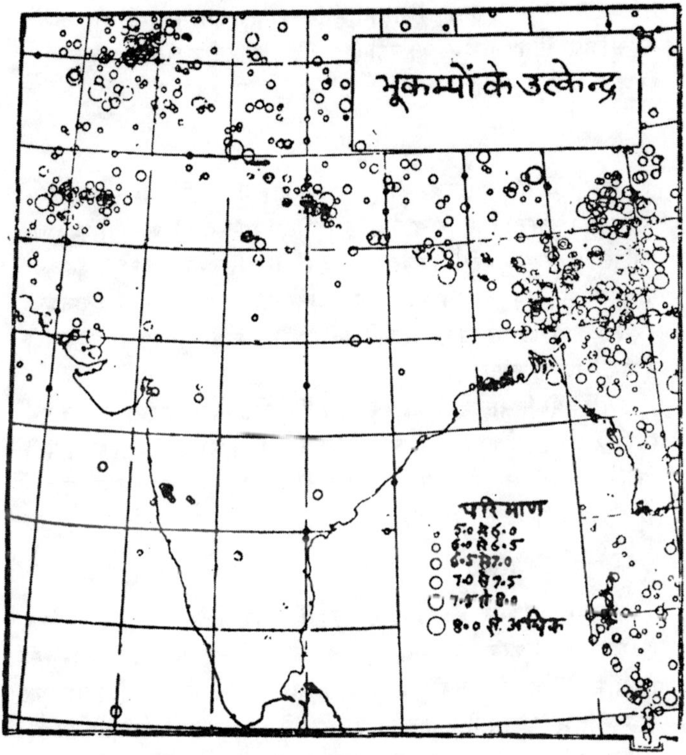

चित्र-५

भारत व उसके आसपास के देशों में भूकम्पों के उत्केन्द्र

४. गंगा की तराई व राजस्थान।

५. कैम्बे एवं कच्छ की खाड़ी।

६. दक्षिणी पठार।

भारतीय भूकम्पों को चित्र ५ में दिखलाया गया है जिसमें पाँच परिमाण से बड़े सभी भूकम्प सम्मिलित हैं। यहाँ पर इन भूकम्पों और भ्रंशों का संक्षिप्त विवरण दिया जा रहा है। उत्तर भारतीय क्षेत्र के प्रमुख भ्रंश चित्र ६ में दिये गये हैं।

१. कश्मीर व पश्चिमी हिमालय

इस क्षेत्र में कई विध्वंसक भूकम्प हुए हैं। ३० मई १८८५ के भूकम्प में जिसका उत्केन्द्र श्रीनगर से २० किलोमीटर पश्चिम की ओर था, ६००० व्यक्तियों की मृत्यु हुई। पिछले १३ वर्षों में २ सितम्बर १९६३ का बदगाम भूकम्प, २० फरवरी १९६७ का अनन्तनाग भूकम्प एवं १६ जनवरी १९६७ का किश्तवार भूकम्प उल्लेखनीय हैं। ये सभी भूकम्प पंजल व मूरी नामक भ्रंश के कारण हुए।

पश्चिमी हिमालय में भी कई भ्रंश हैं जिनके नाम करोल, नहान एवं गिरी हैं। १९०५ का काँगड़ा का विध्वंसक भूकम्प भी यहीं हुआ था। इसी प्रकार पश्चिमी उत्तर प्रदेश के पहाड़ों में विशेष रूप से श्रीनगर नामक भ्रंश सक्रिय है।

२. नेपाल हिमालय

इसमें अधिकतर ३०°उ०, ५०°पू० के निकट होते हैं। यहाँ का १९१६ का धारचुला भूकम्प उल्लेखनीय है। अधिकतर भूकम्प क्षेत्र उत्तर-पश्चिमी दिशा में फैले हुए हैं जिनके नमन कोण उत्तरी-पूर्वी दिशा में हैं। यहाँ पर कुछ नातिलम्ब भ्रंश हैं जैसे अल्मोड़ा क्षेत्र में। इसके पूर्वी क्षेत्र की भूकम्पनीयता कहीं अधिक है जो बिहार-नेपाल के १८३४ और १९३४ के भूकम्पों से स्पष्ट होता है।

३. असम

भूकम्पनीयता के दृष्टिकोण से यह क्षेत्र सबसे अधिक महत्त्वपूर्ण है जहाँ कई सक्रिय भ्रंश विध्वंसक भूकम्प उत्पन्न करते रहते हैं। शिलांग पठार के दोनों उत्तरी-दक्षिणी किनारों पर क्रमशः मुख्य सीमावर्ती

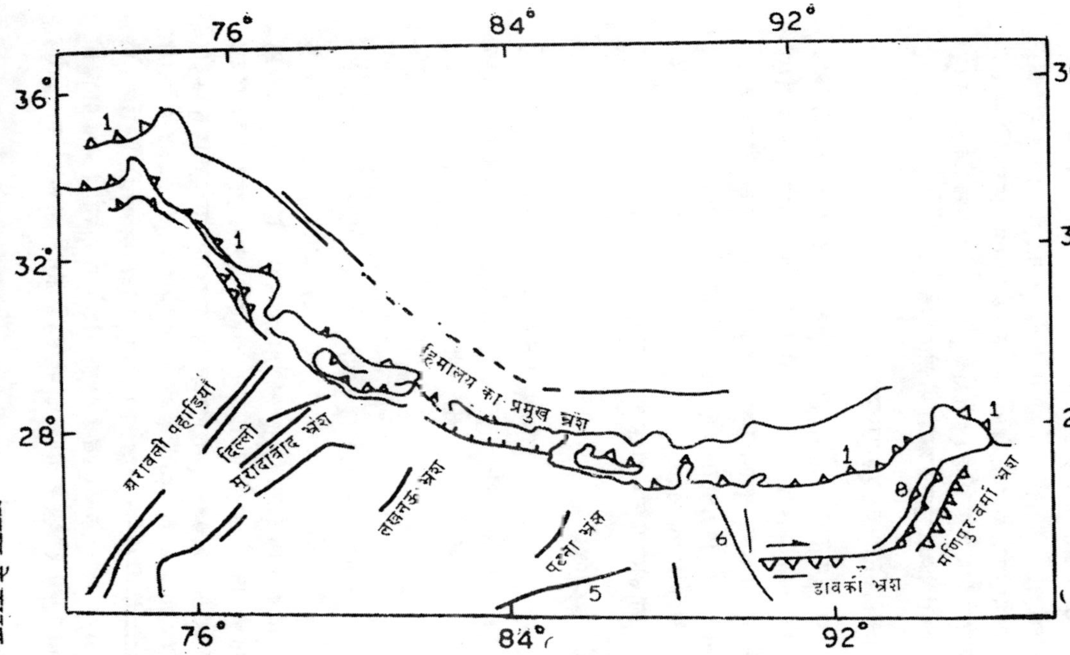

चित्र-६
उत्तर भारत व उसके पास के क्षेत्रों के प्रमुख भ्रंश

(हिमालय) भ्रश और डावकी भ्रंश हैं। पश्चिम क्षेत्र में माधोपुर भ्रंश एवं पूर्वी क्षेत्र में मनीपुर-बर्मा की सीमा के पास कई समानान्तर भ्रंश हैं। शिलांग वेधशाला के ४०० किलोमीटर के अर्द्धव्यास में चार वर्षों में २५०० भूकम्प रिकार्ड किये गये हैं। इसी क्षेत्र की एक श्रेणी अण्डमान द्वीप समूह तक जाती है जहाँ भूकम्प अक्सर ही होते रहते हैं।

४. गंगा की तराइ एवं राजस्थान

इस क्षेत्र में कई तिर्यक भ्रंश हैं जिनमें मुरादाबाद, लखनऊ और पटना के भ्रंश सम्मिलित हैं। दिल्ली के आसपास भूकम्प होने के कारण हैं—सोहना भ्रंश, मुरादाबाद भ्रंश, पठार की कड़ी चट्टानों एवं जलोढ़ के बीच में पृष्ठीय समायोजन एवं अरावली की पहाड़ियाँ।

कलकत्ता एवं बर्दवान के बीच भी कभी-कभी पठार एवं गंगा की तराई की सीमा में पाँच परिमाण तक के भूकम्प आ जाते हैं।

५. कच्छ एवं कैम्बे

भूकम्पनीयता की दृष्टि से यह क्षेत्र हिमालय अथवा असम के बराबर ही है। १८१९ के विध्वंसक भूकम्प के बाद १९५६ में अंजर भूकम्प हुआ जिससे काफी क्षति हुई। इस क्षेत्र में भी कई भ्रंश हैं।

६. भारतीय पठार

इस पठार की ऊपरी सतह कडपा व विन्ध्य अवसादों से ढँकी हुई है। इसमें नर्मदा नदी के पास नर्मदा कटक उल्लेखनीय है जिसमें २३ मार्च १९७० का ब्रोच (बड़ोच) भूकम्प हुआ। कोयना भूकम्प के बाद पश्चिमी घाट के पास भी भ्रंशों के संकेत प्राप्त हुए हैं। पूर्वी क्षेत्र में १३ अप्रैल १९६९ का भद्राचलम (गोदावरी नदी) का भूकम्प उल्लेखनीय है। पठार के केन्द्रीय भाग में १९०० के कोयम्बत्तूर भूकम्प एवं १८३४ के बेलारी भूकम्प में भी पर्याप्त क्षति हुई। पठार के विभिन्न क्षेत्रों में छोटे-छोटे भूकम्पों के झोंके आने लगते हैं जो कुछ दिनों या महीनों के बाद गायब हो जाते हैं जैसे १९६६ के ताम्बरम (मद्रास) के पास के भूकम्प। इनसे विशेष

क्षति नहीं होती है।

भारतीय प्रमुख विध्वंसक भूकम्प

१. कच्छ भूकम्प १८१९

यह भूकम्प १६ जून १८१९ की शाम को पौने सात बजे हुआ जिससे १५४३ व्यक्तियों की मृत्यु हुई। इसका विध्वंसक क्षेत्र पूर्व में अहमदाबाद, उत्तर में जैसलमेर एवं भूज तथा अंजर तक फैल गया। केवल भुज में ही ७००० से अधिक मकान गिर गये। इसके झटके दस लाख वर्ग किलोमीटर तक महसूस किये गये।

भूकम्प के बाद ही पृथ्वी की सतह पर ८० किलोमीटर लम्बा एक भ्रंश दिखायी पड़ने लगा। सिन्दरी के उत्तर में जहाँ मिट्टी नीची थी, वहाँ पर आठ किलोमीटर लम्बा, ६.२ मीटर ऊँचा एक टीला बन गया जिसका नाम 'अल्लाह बाँध' रखा गया। टीले के उत्तर और दक्षिण में विस्थापन विपरीत दिशा में था। अंजर शहर में जो मकान चट्टानों के ऊपर थे उनमें कम क्षति हुई, परन्तु ढालू और दलदल मिट्टी पर बने मकान पूरी तरह नष्ट हो गये। इसके बाद के झटके आठ वर्ष तक चलते रहे।

२. असम भूकम्प १८९७

यह भूकम्प सवा पाँच बजे सुबह १२ जून १८९७ को असम में आया था जिससे १५४२ व्यक्तियों की मृत्यु हुई। शिलांग, सिलहट, गोलपारा, गौहाटी, ढुबरी एवं तुरा में ईंट-पत्थर की बनी लगभग सभी इमारतें नष्ट हो गयीं। इसके झटके ४५ लाख वर्ग किलोमीटर में महसूस किये गये। उत्केन्द्र के पास तीव्रता इतनी अधिक थी कि पृथ्वी पर लहरें दिखलायी पड़ीं। अतः ऊर्ध्वाधर त्वरण गुरुत्वीय त्वरण से भी अधिक हो गया। ब्रह्मपुत्र नदी की धारा के प्रवाह की दिशा में परिवर्तन हो गया और उसमें भयंकर बाढ़ आ गयी। इसके बाद के झटके लगभग १० वर्ष तक चलते रहे।

३. काँगड़ा भूकम्प १९०५

४ अप्रैल १९०५ को यह भूकम्प हिमाचल प्रदेश में सुबह साढ़े पाँच बजे हुआ था जिसका उत्केन्द्र काँगड़ा के पास था। इसी का दूसरा विध्वंसक क्षेत्र देहरादून-मसूरी के बीच में था। इससे २०,००० व्यक्तियों की मृत्यु हुई और इसके झटके ४१६००० वर्ग किलोमीटर तक महसूस किये गये।

४. बिहार-नेपाल भूकम्प १९३४

यह भूकम्प १५ जनवरी १९३४ को लगभग दो बजे दोपहर में हुआ था जिससे लगभग १०,००० व्यक्तियों की मृत्यु हुई। इसका उत्केन्द्र दरभंगा और मुजफ्फरपुर शहरों के पास उत्तर की ओर था। इसकी अधिकाधिक तीव्रता के तीन क्षेत्र थे : (१) मोतीहारी से मधुबनी, (२) मुंगेर शहर के पास, (३) काठमांडू के आसपास। बेतिया से पूर्णिया तक के सभी मकान या तो टेढ़े हो गये या मुलायम मिटटी में धँस गये। कई जगह बालू और पानी के फव्वारे निकलने लगे। इससे पहाड़ों पर भी भूस्खलन हुआ और झटके ५० लाख वर्ग किलोमीटर तक महसूस किये गये।

५. असम-तिब्बत भूकम्प १९५०

यह भूकम्प १५ अगस्त १९५० को शाम के लगभग पौने आठ बजे भारत-बर्मा व तिब्बत के पास हुआ जिसके झटके १५ लाख वर्ग किलोमीटर तक महसूस किये गये। ब्रह्मपुत्र नदी में बाढ़ आने से अपार क्षति हुई। रेल की पटरियाँ और सड़कें नष्ट हो गयीं। कई स्थानों पर भूस्खलन भी हुआ। पृथ्वी कहीं-कहीं धंस गयी और जगह-जगह फट गयी।

इसका कारण पूर्व-पश्चिम दिशा में स्थित ७५° नमनकोण बनाते हुए उत्तर की ओर झुका हुआ एक भ्रंश था। इसके हजारों झटके पाँच वर्ष तक आते रहे जिन्होंने बाद में भी पर्याप्त क्षति पहुँचायी।

६. किन्नौर भूकम्प

यद्यपि यह भूकम्प बड़े परिमाण का नहीं था, परन्तु हिमालय के उस क्षेत्र में हुआ जहाँ इतना बड़ा भूकम्प पहले कभी नहीं आया था। इससे कौरिक, चांगो, किन्नौर आदि क्षेत्रों में भूस्खलन से पर्याप्त हानि हुई परन्तु ऊँचाई वाले क्षेत्र में होने से यहाँ आबादी कम थी, इसलिए केवल ४४ व्यक्तियों की मृत्यु हुई। हिमाचल प्रदेश और उसके आसपास कई जगह भूकम्पवेधशालाएँ होने के कारण इस भूकम्प और इसके बाद के झटकों का भली भाँति अध्ययन हो सका। इस भूकम्प का कारण कौरिक भ्रंश है जो उत्तरी-दक्षिणी दिशा में स्थित है।

७. भुज भूकम्प, २००१

भारत के 52वें गणतन्त्र दिवस के दिन सुबह लगभग पौने नौ बजे, कच्छ क्षेत्र में १८२ वर्षों बाद, १८१९ के भूकम्प के बराबर शक्ति का एक और भूकम्प आया जिससे २०,००० से अधिक व्यक्तियों की मृत्यु हो गई और ६ लाख से अधिक मकान क्षतिग्रस्त हो गए। इसका परिमाण भी लगभग आठ था जिसे भारत तथा विश्व की वेधशालाओं में रिकॉर्ड किया गया। इसका प्रमुख कारण कच्छ क्षेत्र की पूर्वी-पश्चिमी दिशा में स्थित भ्रंश है जिसके पास ही १९५६ का सात परिमाण का अंजर भूकम्प था। उत्केन्द्र के आसपास, परिवर्तित मर्काली मापक्रम में सबसे अधिक भूकम्पीय तीव्रता XI आँकी गई। इसका सबसे बड़ा बाद का झटका (परिमाण ५.९) दो दिन बाद २८ जनवरी को सुबह आया जिससे क्षति और भी बढ़ी। इसके बाद के झटकों का अध्ययन करने के लिए कई भूकम्पलेखी लगाए गए हैं। भूकम्प की विनाशलीला उन स्थानों पर सबसे अधिक हुई जहाँ मकान कमजोर मिट्टी की नींव पर बनाए गए थे। इन स्थानों पर भूकम्प के झटकों से द्रवीकरण के कारण कुछ इमारतें ज़मीन में धँस गईं और कुछ टेढ़ी हो गईं। कई बहुमंजिली इमारतें बिलकुल ही गिर गईं। इसका प्रमुख कारण भूकम्पनीयता की ओर ध्यान न देना है।

६

भूकम्पीय तरंगें

पिण्ड व पृष्ठीय तरंगें

हम जानते हैं कि घण्टी बजने से ध्वनि तरंगें विकसित होती हैं परन्तु भूकम्प के उद्‌गम स्थान से मुख्यत: दो विभिन्न प्रकार की तरंगें सभी दिशाओं में चलती हैं। जो तरंगें पृथ्वी के अन्दर प्रवेश करती हैं, उनको पिण्ड तरंगें कहते हैं। पिण्ड तरगों में दो विभिन्न प्रकार की तरंगें सम्मिलित हैं। जो पिण्ड तरंगें ध्वनि तरंगों से मिलती-जुलती हैं उनको प्राथमिक 'पी' तरंगें (अर्थात् P तरंगें) कहते हैं। इनमें माध्यम के कण तरंग की दिशा में आगे-पीछे कम्पन करते हैं। इनका वेग ५.५ से ८.२ किलोमीटर प्रति सेकेंड रहता है। इनके बाद ही द्वितीय 'एस' तरंगें (अर्थात् S तरंगें) आती हैं जिनका वेग ३.३ से ४.८ किलोमीटर तक होता है। ये प्रकाश की तरंगों से मिलती-जुलती हैं और इनमें माध्यम के कण तरंग की दिशा के समकोण में कम्पन करते हैं। इनके बाद ही पृष्ठीय (सरफ़ेस) तरंगें आती हैं जो पृथ्वी की सतह पर चलती हैं। उनको वैज्ञानिकों के नामों के आधार पर लव व रैले तरंगें कहते हैं। समुद्रतट पर पानी की लहरें टकराने की भाँति उत्पन्न रैले तरंगों में माध्यम के कण दीर्घ चक्रीय पथ बनाते हुए पीछे की ओर घूमते हैं। इनकी गति लगभग ३-४ किलोमीटर

प्रति सेकेण्ड होती है। लव तरंगों में प्रस्थापन केवल समकोण दिशा में होता है और ऊर्ध्वाधर या अनुदैर्घ्य घटक नहीं होते हैं। इनका वेग अनुप्रस्थ तरंगों (S तरंगों) के बराबर ही होता है।

उथले भूकम्पों से कभी-कभी बहुत ही बड़ी पृष्ठीय तरंगें उत्पन्न हो जाती हैं जो पृथ्वी क चारों ओर कई बार चक्कर लगा सकती हैं। ये तरंगें एक ही वेधशाला तक विभिन्न दिशाओं से भी पहुँच जाती हैं।

कभी-कभी पृथ्वी के अन्दर इस प्रकार की चट्टानें अथवा पदार्थ वाली परतें मिल जाती हैं जिनके ऊपर या नीचे तरंगों के वेग अधिक होते हैं और इस प्रकार की परत को निम्न वेग परत कहते हैं। पृथ्वी में इस परत से होकर जब P व S तरंगें २०° दूरी के बाद निकलती हैं तब उनको Pa—Sa चिह्नों से लिखते हैं। इस प्रकार की तरंगों के आवर्तकाल क्रमशः १० सेकेण्ड व २० सेकेण्ड रहते हैं और ऊपरी प्रावरण (मैण्टिल) से चलकर लम्बे आवर्त भूकम्पलेखियों द्वारा रिकार्ड किये जाते हैं। इसी प्रकार यदि यह निम्न वेग परत, आवरण की बजाय भूपृष्ठ में होती है, तो Lg तरगें उत्पन्न होती हैं। यह देखा गया है कि Lg तरंगें ५° (=५५० किलोमीटर) उत्केन्द्र से कुछ दूरी के बाद ही दिखलायी पड़ती हैं। ये निकट के भूकम्पों से विकसित होती हैं और जैसे ही समुद्र तट के पास पहुँचती हैं, एकदम से गायब हो जाती हैं। एक और प्रकार की तरंगें समुद्र में उत्पन्न होती है जो ध्वनि-तरंगों से मिलती-जुलती हैं। इनको T तरंगें कहते हैं और ये तटों से थल के अन्दर प्रत्यास्थ तरंगों के वेग से चलती हैं।

भौतिकी के नियम

भूकम्पीय तरंगों में प्रकाश की तरंगों के समान ही नियम लागू होत हैं। जब ये तरंगें एक माध्यम से चलकर दूसरे माध्यम में पहुँचती हैं तो उनका एक भाग प्रारम्भिक माध्यम में वापस चला जाता है और दूसरा माध्यम में पारगत हो जाता है। इन घटनाओं को क्रमशः परावर्तन और अपवर्तन कहते हैं। इसी प्रकार जब तरंगें विरल से सघन माध्यम में जाती हैं तो अभिलम्ब की ओर झुक जाती हैं, परन्तु सघन से विरल माध्यम की ओर जाने पर वे अभिलम्ब से दूर हट जाती हैं। प्रकाश की भाँति

ज्या नियम अथवा स्नैल के नियम भी लागू होते हैं अर्थात् :

$$\text{सापेक्ष अपवर्तनांक} = \frac{\text{पहले माध्यम में तरंग का वेग}}{\text{दूसरे माध्यम मे तरंग का वेग}}$$

इसी प्रकार पूर्ण आन्तरिक परावर्तन की घटना भी क्रान्तिक कोण की अवस्था में पायी जाती है। भूकम्पीय तरंगों में यह बात ध्यान देने योग्य है कि माध्यम को प्रत्यास्थ मानते हैं अर्थात् तरंगों के चलने के बाद माध्यम के कण अपनी अवस्था में वापस आ जाते हैं।

व्यतिकरण : यदि दो तरंगों (कुछ विशिष्ट गुणों वाली) के एक-दूसरे पर पड़ने अर्थात् अध्यारोपण से उनकी ऊर्जा के वितरण में परिवर्तन आता है तो उसे व्यतिकरण कहते हैं। इसके अतिरिक्त विवर्तन एवं ध्रुवण की घटनाएँ भी भूकम्पीय तरंगों में होती हैं।

P व S तरंगों के वेग

चूँकि पृथ्वी की चट्टानों को प्रत्यास्थ पदार्थ मान लेते हैं, अतः हुक नामक वैज्ञानिक का नियम लागू होता है जिसके अनुसार प्रत्यास्थ की सीमा में, विरुपक प्रतिबल और विरुपक विकृति के अनुपात को दृढ़ता गुणांक μ कहते हैं। यदि घनत्व d हो तो P तरंगों का वेग

$$\sqrt{\frac{\beta+2\mu}{d}}$$

के बरावर होता है और s तरंगों का वेग

$$\sqrt{\frac{\mu}{d}}$$ होता है।

यहां $\beta = K—2/3\mu$ और K आयतन प्रत्यास्थ गुणांक है। यही कारण है कि भूकम्पलेखी में सबसे पहले P तरंगें आती हैं और उसके बाद S तरंगें जिनका वेग P की अपेक्षा कम होता है। ये तरंगें जब परावर्तित होकर किसी सान्तरता से टकराती हैं तो कई प्रकार की तरंगें उत्पन्न हो जाती हैं। यदि दृढ़ता गुणांक शून्य हो जाय, अर्थात् तरंगों के किसी द्रव से होकर जाने पर, S तरंगों का वेग भी शून्य हो जाता है।

प्रकाश की अपेक्षा पृथ्वी में P व S दोनों प्रकार की तरंगें होने पर कुछ

जटिल समस्या रहती है। उदाहरण के लिए यदि दो ठोस माध्यमों की सान्तरता पर P तरंगें टकराती हैं तो उससे चार तरंगें अर्थात् दो परावर्तित (P व S) और दो अपवर्तित (P व S) तरंगें उत्पन्न हो जाती हैं।

S तरंगों को क्षैतिज (SH) व ऊर्ध्वाधर (SV) घटकों में विभाजित किया जा सकता है। P तरंगों के टकराने से P व SV दोनों प्रकार की तरंगें उत्पन्न हो जाती हैं। परन्तु SH तरंगें नहीं उत्पन्न होती हैं। इसी प्रकार SV तरंगों के टकराने से P व SV तरंगें उत्पन्न होती हैं। SH तरंगों के परावर्तन अथवा अपवर्तन से केवल SH तरंगें उत्पन्न होती हैं। इसके अतिरिक्त यह याद रखना चाहिए कि P तरंगें द्रव व ठोस अथवा गैस तीनों में ही चल सकती हैं। परन्तु S तरंगें केवल ठोस पदार्थ में ही चलती हैं। भूकम्पलेखियों द्वारा यही गुण पृथ्वी के कोड की बनावट समझने में उपयोगी सिद्ध हुए हैं।

तरंगों के चिह्न व रिकार्ड का विश्लेषण

यदि भूकम्प का उत्केन्द्र गहराई में होता है तो जो तरंगें सीधे ऊपर की ओर वेधशाला तक पहुँचती हैं उनको pP कहते हैं। जो अनुदैर्ध्य तरंगें (चित्र ७) कोड के अन्दर प्रवेश करती हैं उनको P के स्थान पर K से चिह्नित किया जाता है। भीतरी कोड में प्रवेशित तरंगों को K के स्थान पर I चिह्न से दर्शाया जाता है। पृथ्वी की सतह से एक बार परावर्तित तरंगों को PP, SS चिह्नों से लिखते हैं। इसी प्रकार P या S तरंगें जो दो बार परावर्तित होती हैं. उनको PPP या SSS चिह्नों से दर्शाते हैं। कोड की बाहरी सतह से परावर्तित तरंगों में c चिह्न लगा देते हैं। उदाहरण के लिए जो P तरंगें पृथ्वी में घुसकर, कोड से परावर्तित होकर भूकम्पलेखी द्वारा रिकार्ड की जाती हैं उनको PcP व S के लिए ScS लिखते हैं। कोड की भीतरी सतह से परावर्तित तरंगों को PKKP, PKKS, SKKP, SKKS चिन्हों द्वारा लिखा जाता है। इसी प्रकार पृथ्वी की सतह पर यदि P तरंगें S तरंगों में बदल जाती हैं तो उनको PS कहते हैं।

चित्र (८) में P व S तरंगों की तुलना करने पर स्पष्ट होता है कि P तरंगों के आवर्त S तरंगों की अपेक्षा कम होते हैं। अधिकतर परावर्तित

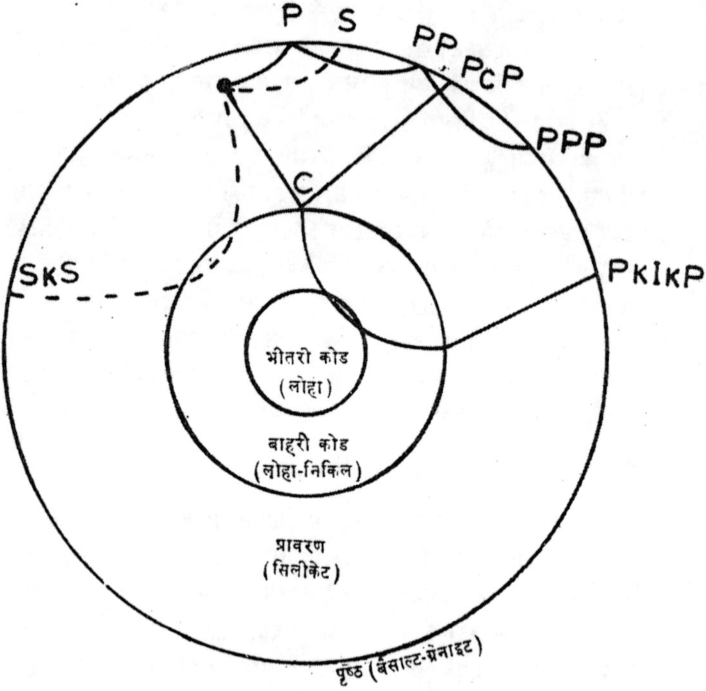

चित्र-७

पृथ्वी के प्रमुख आन्तरिक भाग (परतें)

तरंगों के आयाम भी अधिक होते हैं परन्तु यह आपतन कोण पर निर्भर करता है।

यदि पृथ्वी में समान रूप से एक ही पदार्थ होता, तो P व S तरंगें एक स्थान से दूसरे स्थान को एक सीधी रेखा में ही चलतीं। परन्तु पृथ्वी में कई परतें हैं और उन सबके ऊपर भूकम्पलेखियों में P व S तरंगों की कलाएँ मिलती हैं। ये कलाएँ Pg, Sg, P*, S*, व Pn Sn हैं। Pg, Sg ग्रेनाइट परत से, P*, S* बैसाल्ट परत से और Pn, Sn मोहो सान्तरता से विकसित होती हैं जो चित्र ८ में दिखलायी गयी हैं।

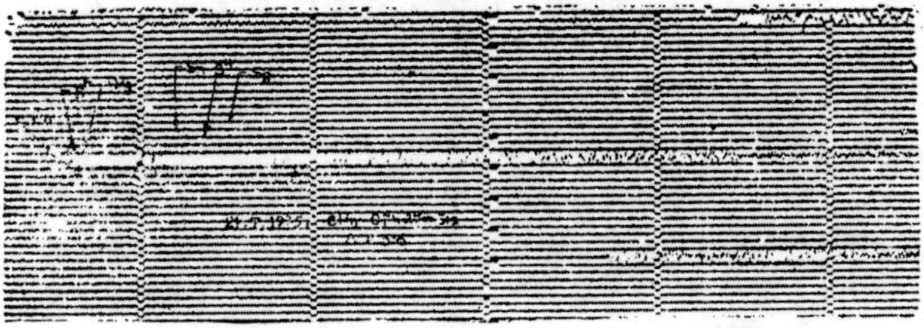

चित्र-८

निकट के भूकम्प से उत्पन्न तरंगें (दिल्ली वेधशाला)

पृष्ठीय तरंगों में लव तरंगों के उत्पन्न होने के लिए यह आवश्यक है कि या तो कम-से-कम एक बाहरी परत हो अथवा उनके वेग गहराई के साथ बढ़ते जायें। इसका एक प्रभाव यह भी होता है कि लव व रैले तरंगों के सम्पूर्ण समूह एक ही समय पर नहीं पहुँचते हैं। सबसे पहले बड़े आवर्त वाली तरंगें पहुँचती हैं, जिनकी गति भी अधिक होती है। उसके बाद ही कम आवर्त की तरंगें आती हैं। इस घटना को विक्षेपण कहते हैं। पृथ्वी के भीतर २० सेकेण्ड आवर्त की पृष्ठीय तरंगें लगभग ७० किलोमीटर तक प्रवेश करती हैं, परन्तु ६० सेकेण्ड के आवर्त की तरंगें २०० किलोमीटर तक प्रभावित करती हैं।

पृथ्वी में P तरंगों के वेग गहराई के साथ बढ़ते जाते हैं, अतः वे मुड़ जाती हैं और ऊपर की ओर उत्तल होती हैं। जैसे-जैसे उत्केन्द्र पर आपतन कोण घटता है, तरंगें उतनी ही अधिक गहराई में प्रवेश करती हैं और फिर ऊपर की ओर मुड़कर पृथ्वी पर पहुँचती हैं। इस प्रकार हम उत्केन्द्र से विभिन्न दूरियों पर वेधशालाएँ खोलकर भूकम्पलेखियों द्वारा उनके पहुँचने का समय व दूरी निकाल लेते हैं। इन्हीं की सहायता से पृथ्वी की विभिन्न गहराइयों पर P व S तरंगों के वेग गणित द्वारा निकल आते हैं। जब उत्केन्द्र व वेधशाला की दूरी लगभग १०३° (११४३३ किलोमीटर) हो जाती है तो P तरंगें कोड की बाहरी सतह को छूने लगती हैं। इससे अधिक दूरी बढ़ने पर P तरंगों के आयाम बहुत ही घट जाते हैं और १३०°

(अर्थात् १४४३० किलोमीटर) तक लम्बे आवर्त की तरंगें रिकार्ड की जाती हैं। इसका कारण P तरंगों का कोड की सीमा पर विवर्तन होना है। १०३° से १४४° की दूरी को 'छाया क्षेत्र' कहा जाता है। उस आपतन कोण पर जब P तरंगें कोड को छूने लगती हैं, उनका कुछ भाग कोड के अन्दर भी घुस जाता है और उन तरंगों को PKP कहते हैं। उत्केन्द्र से १४२° की दूरी के करीब न्यूनतम विचलन में स्थित प्रिज्म की भाँति ये उत्पन्न होती हैं और अधिक ऊर्जा इकठ्ठा होने से तरंगें बहुत ही स्पष्ट दिखायी पड़ती हैं।

जब उत्केन्द्र से वेधशाला की दूरी ३०° से ४०° के बीच होती है, तब कोड से परावर्तित तरंगें PcP, PcS, ScP भी भूकम्पलेखियों में बहुत ही स्पष्ट दिखलायी पड़ती हैं। इसी प्रकार PP व PS तरंगें परावर्तित होकर १२०° की दूरी पर स्पष्ट दिखलायी पड़ती हैं। PS के लिए कम-से-कम दूरी ४४° होती है। इससे कम दूरी पर यह नहीं दिखलायी पड़ती हैं।

भूकम्पलेखियों के रिकार्ड का अध्ययन करने से पता लगता है कि भूपृष्ठ की स्थानीय बनावट में अन्तर होने कारण ०° से १०° (१११० किलोमीटर) के बीच वह काफी जटिल दिखलायी पड़ते हैं। उसके बाद १०° से १००° के बीच प्रावरण में गमन के कारण रिकार्ड का विश्लेषण करना आसान रहता है। उसके बाद १००° से १८०° के बीच बाहरी व भीतरी कोड के प्रभाव से रिकार्ड फिर से जटिल दिखलायी पड़ते हैं। भूकम्पीय रिकार्ड विश्लेषण एक विशेष कार्य है, जिसको सीखने के लिए पर्याप्त परिश्रम आवश्यक है।

अब प्रश्न यह उठता है कि गहरे नाभीय के भूकम्पों से पृष्ठीय तरंगों के आयाम कम क्यों होते हैं? यदि उत्केन्द्र पृथ्वी की सतह के पास हो, तो पृष्ठीय तरंगों के आयाम पृथ्वी की सतह के ऊपर या उसके निकट सबसे अधिक होते हैं और वह गहराई के साथ-साथ घटते हैं। पृथ्वी की सतह पर तरंग द्वारा उत्पन्न कम्पन का एक प्रस्पन्दन होता है और गहराई में एक या अधिक निस्पन्द होते हैं जहाँ आयाम घटकर शून्य हो जाता है। अतः यदि भूकम्प का उत्केन्द्र पृथ्वी की सतह के पास न होकर पृथ्वी के अन्दर निस्पन्द के आसपास हो तो पृष्ठीय तरंगों के आयाम बिल्कुल ही कम होंगे। चूंकि पृथ्वी

में अधिकतर भूकम्पों के उत्केन्द्र सतह के पास होते हैं, अतः उनसे उत्पन्न पृष्ठीय तरंगों के बड़े-बड़े आयामों से चार्ट अकसर ही भरे रहते हैं। पृष्ठीय तरंगों के आयाम, उत्केन्द्र से दूरी, नाभीय गहराई, पृष्ठ व प्रावरण की बनावट आदि पर भूकम्प-परिमाण निर्भर रहता है। इन तरंगों के बाद कभी-कभी घण्टों तक कम्पन रिकार्ड होते रहते हैं जिनको कोडा तरंगें कहते हैं। ये परावर्तन व अपवर्तन के कारण होती हैं। विशेषकर भूपृष्ठ व प्रावरण की चट्टानों में स्थानीय परिवर्तन वाले महाद्वीपों व समुद्रों के बीच के क्षेत्र इस प्रकार की तरंगें उत्पन्न करने में सहायक होते हैं।

तालिका (४) में प्रमुख तरंगों के चिन्ह दिये गये हैं जिनको चित्र (७) में देखा जा सकता है।

टिप्पणी : इस अध्याय में आपने देखा कि दूरियों को किलोमीटर के स्थानपर डिग्री (कोण) द्वारा प्रकट करते हैं। [एक डिग्री (कोण) = १११ किलोमीटर।] पृथ्वी के केन्द्र पर वेधशाला व उत्केन्द्र की दूरी जितना कोण बनाती है, उसी को भूकम्प-विज्ञान में लिया जाता है।

तालिका-४

भूकम्पीय तरंगों के चिह्न

(क) पिण्ड तरंगें

परत	**अनुदैर्घ्य** (पी)	**अनुप्रस्थ** (एस)
पृष्ठ-ग्रेनाइट	Pg	Sg
बेसाल्ट	Px	Sx
मोहो	Pn	Sn
प्रावरण	P	S
बाहरी कोड	K	—
भीतरी कोड	I	J

(ख) पिण्ड तरंगें—परावर्तित

सान्तरता	ऊपर की ओर से परावर्तन	नीचे की ओर से परावर्तन	अपवर्तन
पृथ्वी की सतह	...	PP	...
बाहरी कोड	PcP	PkkP	PkP
भीतरी कोड	PKIKP	PkIIkP	PkIkP

P तरंगों की ही भाँति S तरंगों के नाम लिखे जा सकते हैं, जैसे PkP के स्थान पर SkS तरंगें होती हैं।

(ग) पृष्ठीय तरंगें

	लव तरंगें	रैले तरंगें
प्रथम मोड	L	R
प्रावरण तरंगें	G(n=1,2,3...)	Rn(n=1,2,3)

७

भूकम्पलेखी

लोलक सिद्धान्त

भूकम्पों के विषय में अध्ययन करने के क्रम में भूकम्पलेखियों का मुख्य योगदान रहा है जिसके द्वारा पृथ्वी की हलचलें लगातार रिकार्ड होती रहती हैं। जैसा कि हम पहले पढ़ चुके हैं, भूकम्पलेखियों का आविष्कार १८८० ई० के लगभग सबसे पहले जापान में और इटली में हुआ। उससे भी पहले १३२ ई० में चांगहेंग ने चीन में सबसे पहला भूकम्पसूचक यन्त्र बनाया था। इसमें विभिन्न दिशाओं में कृत्रिम सर्पों के मुँह में गेंद रखे हुए थे। ठीक उनके नीचे मुँह खोले हुए मेंढक (कृत्रिम) बैठे रहते थे। भूकम्प आने से गेंद मेंढक के मुँह में गिर पड़ते थे, जिसमें भूकम्प की दिशा की सूचना मिल जाती थी। इस प्रकार के यन्त्र वैज्ञानिक दृष्टि से भूकम्पों के अध्ययन करने में सहायक नहीं हुए। उन्नीसवीं शताब्दी में भूकम्पलेखियों के आविष्कार के बाद उनमें निरन्तर परिवर्तन होते रहे हैं। आजकल इतने सूक्ष्म भूकम्प भी रिकार्ड कर लिये जाते हैं जिनके झटके हम लोग महसूस कर ही नहीं सकते।

प्रायः सभी भूकम्पलेखी लोलक सिद्धान्त पर ही बनाये जाते हैं। जिस प्रकार लोलक में एक भार (गोलक) किसी बिन्दु से एक डोरी द्वारा

लटकाया जाता है, उसी प्रकार भूकम्पलेखी में भी एक 'भार' की आवश्यकता होती है जो एक विशेष ढंग से लटकाया जाता है। वास्तव में भूकम्पलेखी एक उलटा लोलक होता है।

भूकम्प होते ही प्रत्यास्थ तरंगें भूकम्पलेखी पर पहुँचती हैं जिनसे पृथ्वी के ऊपर की सभी वस्तुएँ (जैसे इमारतें, खम्भे) और भूकम्पलेखी के फ्रेम हिलने लगते हैं। यदि 'भार' को ऐसे स्थिर बिन्दु से लटकाया जाये जो इस गति में भाग न लेता हो अर्थात् अपने वातावरण से स्वतन्त्र रहे तो पृथ्वी की गति को रिकार्ड किया जा सकता है। इसके लिए भार को एक विशेष स्प्रिंग से लटकाना पड़ता है जो फ्रेम से जुड़ी होती है। जब भूकम्पीय तरंगें आती हैं तो यह भार तो स्थिर रहता है परन्तु फ्रेम हिलने से स्प्रिंग हिलने लगती है। यहाँ पर यह स्पष्ट करना आवश्यक है कि इतना करने पर भी लोलक में थोड़ी-बहुत गति हो ही जाती है।

भूकम्पलेखी में एक साधारण लोलक की अपेक्षा निम्न बातें आवश्यक हैं।

(१) भूकम्पलेखी को मन्दित किया जा सके अर्थात् भूकम्पीय तरंगों से उत्पन्न गति के बाद वह अपनी अवस्था में तुरन्त वापस आ सके जिससे बाद की गतियों को मापा जा सके।

(२) भूकम्पलेखी के आवर्त-काल में यथासम्भव परिवर्तन किया जा सके।

(३) पृथ्वी की गति को आवर्धित करके (बढ़ाकर) मापा या रिकार्ड किया जा सके।

पृथ्वी में किसी स्थान (विन्दु) की गति पता लगाने के लिए भूकम्पलेखियो की आवश्यकता होती है अर्थात् गति को तीन घटकों में रिकार्ड किया जाये जैसे उत्तर-दक्षिणी (N—S), पूर्वी-पश्चिम (E—W) एवं ऊर्ध्वाधर (V) दिशाओं में। तीन भूकम्पलेखियों द्वारा आयाम एवं कला रिकार्ड करके प्रत्यास्थ तरंगों के आने की दिशा यानी उत्केन्द्र के विषय में सूचना प्राप्त हो जाती है।

भूकम्पीय तरंगों में विभिन्न आवृत्ति की तरंगें मिली रहती हैं

जिनका पता लगाने के लिए विभिन्न आवर्त-काल के भूकम्पलेखी लगाये जाते हैं। उदाहरण के लिए यदि तरंग की आवृत्ति एक हट्‌र्ज हो, तो एक सेकेन्ड आवर्त-काल के भूकम्पलेखी द्वारा वे तरंगें भली-भाँति रिकार्ड की जा सकती हैं क्योंकि ऐसी दशा में उनमें अधिकाधिक प्रवर्धन होगा। इसी प्रकार जब पृष्ठीय तरंगें रिकार्ड करनी होती हैं जिनके आवर्त-काल अधिक होते हैं, तो अधिक आवर्त के भूकम्पलेखी व धारामापी भी आवश्यक हो जाते हैं वर्ना वे तरंगें भलीभाँति चार्ट में विकसित नहीं होती हैं। एक ही स्थान में विभिन्न प्रवर्धन के भूकम्पलेखियों की इस कारण भी आवश्यता होती है कि विध्वंसक भूकम्पों के झटकों द्वारा सुग्राहिता भूकम्पलेखियों के रिकार्ड गायब हो जाते हैं। इसके विपरीत छोटे भूकम्पों को रिकार्ड करने के लिए अधिक सुग्राहिता के भूकम्पलेखी होने चाहिए।

भूकम्पलेखियों द्वारा प्रत्यास्थ तरंगों को रिकार्ड करने के लिए एक रिकार्डर का प्रयोग किया जाता है जो अधिकतर १५ मिनट में एक बार घूम जाता है और २४ घण्टों में एक सिरें से दूसरे सिरे पर पहुँच जाता है। इस पर फोटोग्राफिक कागज, या ३५ मिलीमीटर फिल्म अथवा धुएँ से काला किया हुआ कागज लपेटा रहता है जो २४ घण्टों में एक बार बदला जाता है। जब लाल स्याही का प्रयोग करते हैं तब एक साधारण सफेद कागज का प्रयोग किया जाता है। फोटोग्राफिक कागज व फिल्म वाले रिकार्डरों को अँधेरे कमरे में रखा जाता है। जियोटेक कम्पनी अमरीका का बना एक रिकार्डर (पोर्टाकार्डर) चित्र-९ में दिखलाया गया है।

भूकम्पीय तरंगों के पहुँचने के समय का पता लगाने के लिए एक क्वार्ट्‌ज क्रिस्टल घड़ी का प्रयोग किया जाता है। भारत मौसम विज्ञान विभाग में १९६३ से पहले तक अधिकतर लोलक घड़ियों का ही प्रयोग किया जाता था। उसके बाद विदेशों से कुछ क्वार्ट्‌ज क्रिस्टल घड़ियाँ मँगायी गयीं। भारत मौसम विज्ञान विभाग के अन्तर्गत १९६७-६८ में इस प्रकार की घड़ियाँ बनाने का मुख्य श्रेय लेखक एवं श्री बी० के० लाम्बा को है। इन घड़ियों द्वारा रिकार्डरों पर घण्टे व मिनट अंकित होते रहते हैं जिनसे तरंगों के पहुँचने के समय की गणना की जाती है। ये घड़ियाँ

प्रतिदिन रेडियो मास्को, बी० बी० सी० अथवा रेडियो आट्रेलिया से मिलायी जाती हैं और स्ट्रोबोस्कोप नामक इलेक्ट्रानिक यन्त्र द्वारा ठीक की जाती हैं। इनमें ०.१ सेकेण्ड तक सही समय पढ़ा जा सकता है।

चित्र-९

पोर्टा कार्डर जिसके ऊपर भूकम्प आदि की तरंगें रिकार्ड की जाती हैं।

चूंकि भूकम्प किसी भी समय हो सकते हैं, अतः भूकम्पलेखी के लिए यह आवश्यक है कि बिजली बन्द होने पर भी वह कार्य करता रहे। इसीलिए एसिड बैटरी द्वारा 'इनवर्टर' नामक यन्त्र भी उसमे जुड़े रहते हैं जो बिजली बन्द होने पर ए० सी०/डी० सी० रिले द्वारा रिकार्डर के मोटर को चालू रखते हैं। सौर ऊर्जा का प्रयोग करके भी भूकम्पलेखी चलाए जा सकते हैं।

विभिन्न प्रकार के भूकम्पलेखी

भूकम्पलेखी कई प्रकार के होते हैं जो बगैर किसी धारा प्रवर्धक के कार्य करते हैं। उनमें लोलक के ऊपर एक दर्पण लगा रहता है जिससे प्रकाश की किरणें परावर्तित होकर (इसके लिए एक ६ वोल्ट बल्ब द्वारा दर्पण पर फोकस की जाती हैं) एक घूमते हुए ड्रम रिकार्डर पर पड़ती हैं। इस सिद्धान्त पर १९१५ में मिल्ने-शा नामक वैज्ञानिकों ने भूकम्पलेखी बनाया जो पृथ्वी की गति को ३५० गुना प्रावर्धित कर सकती है। इनमें लोलक का आवर्त-काल दस से बारह सेकण्ड रहता है। इसी सिद्धान्त पर वुड एण्डरसन नामक भूकम्पलेखी भी बनाया गया। इसमें धातु का बेलनाकार भार २० सें० मी० लम्बे एक तार (.०२ मिलीमीटर अर्द्धव्यास, स्टेनलेसस्टील) द्वारा लटकाया जाता है। भूकम्पीय तरंगों के आने से तार ऐंठ जाता है और दपर्ण, जो बेलन पर चिपका रहता है, प्रकाश के बिन्दु को परावर्तित कर पृथ्वी की हलचल को रिकार्डर पर अंकित करता रहता है। धातु का बना ६ सें० मी० लम्बा बेलन एक स्थायी चुम्बक के अन्दर लटका रहता है जो भूकम्पलेखी को भँवर-धाराओं द्वारा मन्दन प्रदान करता है। इसमें लोलक का आवर्त ०८ सेकण्ड और आवर्धन २८०० रहता है, परन्तु भारत की अधिकतर वेधशालाओं में १००० आवर्धन रखा गया है। यह यन्त्र भूकम्प की ऊर्जा अथवा परिमाण का पता लगाने के लिए बहुत उपयोगी सिद्ध हुआ। इसी से रिक्टर स्केल (माप) का भी जन्म हुआ।

विद्युत चुम्बकीय भूकम्पलेखी

अधिकतर भूकम्पलेखी विद्युत चुम्बकीय प्रेरण सम्बन्धी फैराडे के नियम पर बनाये जाते हैं। इसके अनुसार जब किसी बन्द विद्युतचक्र से होकर गुजरनेवाली बल रेखाओं की संख्या में परिवंतन किया जाता है तो उसमें एक धारा प्रवाहित होने लगती है। अतः यदि एक कुण्डली को चुम्बकीय क्षेत्र में रखा जाये, तो उसके हिलने से विद्युतधारा उत्पन्न हो जायेगी जिसको धारामापी से जोड़कर प्रकाश की किरणों द्वारा फोटो-

ग्राफिक कागज पर रिकार्ड किया जा सकता है। अतः इस सिद्धान्त पर भूकम्पलेखी बनाने के लिए धातु के भार को विशेष प्रकार की स्प्रिंग से लटकाया जाता है जिससे एक कुण्डली जुड़ी होती है। यह एक स्थायी चुम्बक के अन्दर लटकी रहती है। भूकम्पीय तरंगें आते ही भूकम्पलेखी का फ्रेम हिलने लगता है जिससे कुण्डली के हिलते ही प्रेरित धारा उत्पन्न हो जाती है। इस प्रकार विद्युतवाहक बल साधारणतया लोलक के वेग (अर्थात् पृथ्वी की गति के वेग) पर निर्भर रहता है जिसके अनुसार कुण्डली से गुजरनेवाली बल संख्याओं की दर निर्धारित होती है।

आवश्यकतानुसार कभी तो लोलक का आवर्त-काल कम रखते हैं और कभी धारामापी का। निकट के भूकम्पों एवं विस्फोटनों द्वारा उत्पन्न तरंगों में ऊँची आवृत्ति (अर्थात् कम आवर्त) होती है, अतः भूकम्पलेखी व धारामापी दोनों के आवर्त-काल कम रखे जाते हैं और रिकार्डरों को तीव्र गति से चलाना पड़ता है। चित्र-१० में एक विद्युत चुम्बकीय भूकम्पलेखी दिखलाया गया है जिसको जियोटेक कम्पनी, अमरीका ने बनाया है।

विद्युत चुम्बकीय भूकम्पलेखी से मिलता-जुलता ही बेनियाफ नामक भूकम्पलेखी का सिद्धान्त है जो एक टेलीफोन यन्त्र से मिलता-जुलता है। हम जानते हैं कि लोहे के कोड पर लिपटी हुई कुण्डली एक आर्मेचर कहलाती है। अतः पृथ्वी में गति होने से आर्मेचर व चुम्बक के बीच की दूरी बदलती है और उन कुण्डलियों में विद्युतवाहक बल उत्पन्न हो जाता है जो चुम्बक के ध्रुवों के ऊपर लटकी रहती हैं और एक लोलक भार से जुड़ी रहती हैं। इस प्रकार के यन्त्र १९६२-६३ से ही अमरीकी भूसर्वेक्षण विभाग द्वारा संचालित विश्व-भर की ११८ वेधशालाओं में कार्य कर रहे हैं। इनमें भूकम्पलेखियों व धारामापी के आवर्त-काल क्रमशः एक सेकेण्ड एवं ०.७५ सेकेण्ड रखे गये हैं। पृष्ठीय तरंगों का पता लगाने के लिए भूकम्पलेखियों व धारामापी के आवर्त क्रमशः ३० सेकेण्ड एवं १०० सेकेण्ड लिये जाते हैं।

आजकल भूकम्पलेखियों के आवर्धन बढ़ाने के लिए इलेक्ट्रानिक प्रवर्धकों का प्रयोग किया जा रहा है। इससे यह लाभ भी है कि फ़ोटोग्राफिक कागज़ का प्रयोग न करके ताप सुग्राहिता कागज, या धुएं से काला किया हुआ कागज़ प्रयोग में लाया जा सकता है। कभी-कभी साधा-

चित्र-१०
विद्युत् चुम्बकीय भूकम्पलेखी

रण सफेद कागज़ पर स्याही द्वारा भी भूकम्पीय तरंगें रिकार्ड की जाती हैं। इनका उद्देश्य यह है कि कमरे को अँधेरा करने की आवश्यकता नहीं रहे। दूसरे भूकम्प होने के बाद यह इन्तजार नहीं करना पड़े कि फोटोग्राफिक कागज़ को अँधेरे कमरे में परिणत करके देखा जाए। इस प्रकार

भूकम्प होते ही तुरन्त सूचना मिल जाती है। इसके अतिरिक्त मैग्नेटिक टेप रिकार्डर का भी प्रयोग किया जा सकता है जिससे इलेक्ट्रानिक संगणकों द्वारा अन्वेषण करने में अत्यन्त सुविधा हो जाती है।

जो भूकम्पलेखी अस्थायी स्थानों पर बाद के झटकों अथवा विस्फोटनों का अध्ययन करने के लिए उपयोग किये जाते हैं वे भी विद्युत् चुम्बकीय प्रेरण-सिद्धान्त पर ही बनते हैं परन्तु वे हल्के और छोटे होते हैं तथा इनको जियोफोन कहते हैं। इनके साथ ही तीव्र गति के रिकार्डर प्रयोग किये जाते हैं जिससे तरंगों के समय .०१ सेकेण्ड तक सही पढ़े जा सकें।

यदि लोलक का आवर्त-काल पृथ्वी के आवर्त से काफी कम होता है तो विक्षेप पृथ्वी के त्वरण के समानुपाती रहता है। इस प्रकार के यन्त्र को त्वरणमापी यन्त्र कहते हैं जो मुख्यतः भूकम्प अभियान्त्रिकी के लिए उपयोगी हैं। इनमें लोलक का आवर्त-काल १/१० या १/२५ सेकेण्ड रहता है। भूकम्प आते ही यन्त्र चालू हो जाता है और कुछ सेकेण्ड बाद ही अपने-आप बन्द हो जाता है। यह एक बैटरी से चलाया जाता है जिससे नगर की विद्युत-धारा में रुकावट होने पर भी भूकम्पीय रिकार्ड मिलता रहे। इस प्रकार के कुछ यन्त्र भूकम्प अभियान्त्रिकी अनुसन्धान एवं प्रशिक्षण विभाग (रुडकी) में बनाये जाते हैं, परन्तु अधिक सुग्राहितावाले यन्त्र अभी भी विदेशों से मँगाने पड़ते हैं। भारत मौसम विज्ञान विभाग में वुड एण्डरसन एवं विद्युत चुम्बकीय भूकम्पलेखी बनाये जाते हैं।

भूकम्पीय एरे

यदि कई भूकम्पलेखी एक नमूना बनाते हुए रख दिये जायें और उन सभी के नियर्त प्रदान को मिला दिया जाये तो इस प्रकार के यन्त्र को 'एरे' कहते हैं जिसका प्रावर्धन एक यन्त्र की अपेक्षा कहीं अधिक बढ़ जाता है। इनका मुख्य उपयोग छोटे-से-छोटे नाभिकीय विस्फोटनों का पता लगाना है। इसके अतिरिक्त भूकम्प-विज्ञान सम्बन्धी अनुसन्धान में भी इनका उपयोग होता है। इस प्रकार का एरे स्टेशन भारत में बेंगलौर के पास गौरीबिदनौर में है, जहाँ पर २० भूकम्पलेखी अंग्रेज़ी के L अक्षर की भाँति रखे हुए हैं। एक हट्र्ज पर उनका आवर्धन लगभग दो लाख है।

भारत के अतिरिक्त एरे स्टेशन अमरीका, कनाडा, पश्चिमी जर्मनी, इंगलैण्ड एवं आस्ट्रेलिया आदि देशों में भी हैं।

समुद्रतल भूकम्पलेखी

अधिकतर भूकम्पलेखी थलीय स्थानों पर ही कार्य करने के लिए बनाये जाते हैं, परन्तु पिछले १० वर्षों में समुद्रतलों पर भूकम्पों के विषय में जानकारी प्राप्त करने के लिए विशेष प्रकार के यन्त्र बनाये गये हैं। कुछ यन्त्र समुद्र तल पर ८००० मीटर की गहराई तक रखे जा चुके हैं जो ३० दिन तक भूकम्प रिकार्ड कर सकते हैं। इसमें भूकम्पलेखी एवं टेपरिकार्डर आदि एल्यूमूनियम के एक मीटर व्यासवाले गोले के अन्दर रखे जाते हैं जो संकेतों द्वारा निश्चित समय के बाद ऊपर उठा लिये जाते हैं। कभी-कभी इस प्रकार के यन्त्रों को केबिलों से भी जोड़कर समुद्रतल पर रखा जाता है परन्तु यह तट से केवल १०० किलोमीटर की दूरी तक ही सम्भव हो पाया है।

चन्द्र-कम्पमापी

यह भी विद्युत् चुम्बकीय भूकम्पलेखी के सिद्धान्त पर बनाया गया है। इसको अमरीका में रेंजर सीस्मोमीटर (भूकम्पलेखी) कहा जाता है। एक ही यन्त्र को कुछ परिवर्तन करके क्षैतिज या ऊर्ध्वाधर दिशा में प्रयोग कर लेते हैं। इसके कुछ स्थिरांक नीचे दिये गये हैं :

आवर्तकाल—एक सेकेण्ड जो ०.२ से ०.५ सेकेण्ड तक आवश्यकतानुसार बदला जा सकता है।

लोलक (बूम) का भार—१.४५ किलोग्राम।

क्रान्तिक मन्दन के लिए बाह्य प्रतिरोधकता—कुण्डली की प्रतिरोधकता के बराबर।

अनुसंशोधन कुण्डली की प्रतिरोधकता—१०० ओम।

मोटर स्थिरांक—०.४ न्यूटन प्रति एम्पियर।

भूकम्पलेखियों का अनुसंशोधन

भूकम्पलेखियों के अनुसंशोधन का ध्येय यह है कि हमको पृथ्वी की गति में यन्त्र द्वारा आवर्धन का सही पता लग सके। उदाहरण के लिए

तरंगों के विभिन्न आवर्तों के आवर्धन का ज्ञान हो सके। भूकम्पीय परिमाण की गणना के लिए इसका उपयोग हम जान ही चुके हैं। इसके अतिरिक्त अनुसन्धानों के लिए भी इसकी आवश्यकता होती है।

इसके लिए यद्यपि गणित के समीकरणों द्वारा लोलक सिद्धान्त पर गणना की जाती है, परन्तु प्रयोगों द्वारा निम्न स्थिरांक निकालना आवश्यक होता है :

१. भूकम्पलेखी व धारामापी के आवर्तकाल।

२. भूकम्पलेखी व धारामापी की सुग्राहिता।

३. भूकम्पलेखी व धारामापी की बाह्य मन्दन प्रतिरोधकता।

भूकम्पलेखियों का अनुसंशोधन करने का एक सीधा उपाय 'हिलती-डुलती मेज़' है जिसमें कई चुम्बक जुड़े होते हैं। बिजली के द्वारा विभिन्न आवृत्ति की तरंगों से भूकम्पलेखी को मेज़ पर रखकर हिलाया जाता है और उससे कितना आवर्धन हुआ, यह नाप लिया जाता है। किसी स्थान पर प्रावर्धन वहाँ की चट्टानों पर निर्भर करता है। भूकम्पलेखी व धारा-मापी के बीच की धारा को प्रतिरोधों द्वारा कम या अधिक किया जाता है। इन्हीं के द्वारा दोनों को क्रान्तिक मन्दित भी किया जाता है। भूकम्प-लेखियों के अनुसंशोधन की कुछ और भी युक्तियाँ हैं जो इस पुस्तक के लिहाज से क्लिष्ट सिद्ध होंगे।

८

भूकम्प उत्केन्द्र, उद्गम-समय और परिमाण

भूकम्प उत्केन्द्र

पृथ्वी के अन्दर जहाँ भूकम्प होता है उसे भूकम्प केन्द्र कहते हैं। ठीक उसी के ऊपर पृथ्वी की सतह पर स्थित बिन्दु को भूकम्प उत्केन्द्र कहते हैं। भूकम्प होते ही भूकम्पीय तरंगें सभी ओर विकसित होती हैं, जो भूकम्पलेखियों द्वारा अंकित कर ली जाती हैं। इनकी सहायता से भूकम्प सम्बन्धी निम्न सूचनाएँ प्राप्त हो सकती हैं :

१. भूकम्प का उत्केन्द्र।
२. उसका उद्गम समय।
३. नाभीय गहराई।
४. भूकम्प का परिमाण व ऊर्जा आदि।

इनमें से प्रथम तीन की गणना करने के लिए विभिन्न वेधशालाओं पर भूकम्पीय तरंगों के पहुँचने के समय का ज्ञान होना चाहिए, जिसका पता क्वार्ट्ज़ क्रिस्टल घड़ी की सहायता से लग जाता है। भूकम्प परिमाण गणना के लिए भूकम्पीय तरंगों के आयाम एवं आवर्त-काल की माप भी

होनी चाहिए।

हम जानते हैं कि यदि तीन बिन्दु दिये गये हों (जो एक ही रेखा पर न हों) तो उनसे केवल एक ही वृत्त खींचा जा सकता है। यदि दो बिन्दु हों तो चाप खींचने पर वे दो स्थानों पर काटते हैं। अतः उत्केन्द्र निकालने के लिए कम-से-कम तीन वेधशालाएँ आवश्यक हैं क्योंकि तीन बिन्दुओं से केवल एक ही वृत्त खींचा जा सकता है। इस प्रकार से खींचे गये वृत्त का केन्द्र ही भूकम्प का उत्केन्द्र होगा। परन्तु यहाँ यह स्पष्ट करना आवश्यक है कि इसमें विभिन्न त्रुटियाँ होने के कारण तीन से अधिक वेधशालाओं की आवश्यकता होती है। जितनी अधिक वेधशालाएँ होंगी और उत्केन्द्र की सभी दिशाओं में स्थित रहेंगी, उतना ही सही ढंग से भूकम्प उत्केन्द्र व नाभीय गहराई का पता लग सकेगा। प्रमुख वेधशालाओं में ऊर्ध्वाधर व क्षैतिज दिशा में तीन भूकम्पलेखी लगाये जाते हैं। कभी-कभी यदि तीनों भूकम्पलेखियों में P तरंगों की प्रारम्भिक दिशा बिल्कुल स्पष्ट हो तो कुछ हद तक भूकम्प के उत्केन्द्र का ज्ञान हो सकता है। उदाहरण के लिए यदि ऊर्ध्वाधर घटक भूकम्पलेखी में प्रारम्भिक दिशा सम्पीड़न बतलाये अर्थात् दिशासूचक ऊपर की ओर हो तथा उत्तर-दक्षिण दिशा और पूरब-पश्चिम दिशा में रखे गये भूकम्पलेखियों में भी वह ऊपर की ही ओर हो तो यह कहा जा सकता है कि उत्केन्द्र की दिशा दक्षिण-पश्चिम होगी। उसकी ठीक दिशा निकालने के लिए प्रारम्भिक P तरंगों के आयाम दोनों क्षैतिज दिशाओं में a व b निकालकर $\tan = \frac{{}^{1}b}{a}$ से गणना की जा सकती है। P व S तरंगों का समयान्तर 't' भूकम्पीय चार्ट से निकल आता है जोकि छठे अध्याय में बतलाया गया है।

यदि भूकम्प का उत्केन्द्र पृथ्वी की सतह के समीप ग्रेनाइट चट्टानों-वाली परत में हो, और P व S तरंगों के वेग V_p व V_s मालूम हों तो उत्केन्द्र की दूरी x इस समीकरण से निकल आती है :

$$\frac{x}{V_s} - \frac{x}{V_p} = t \qquad \cdots (7)$$

यदि दो परतें हों, जैसा कि पृथ्वी पर ग्रेनाइट व बैसाल्ट की परतें अधिकतर

स्थानों में होती हैं तो P अथवा S तरंगें दोनों के बीच की सान्तरता से भी होकर वेधशाला में पहुँचती हैं और उनका गमन-समय एक-दूसरे के समीकरण से निकालते हैं :

$$t p = \frac{x^1}{V_p} + k_1 \qquad \cdots (8)$$

इसी प्रकार S तरंगों के लिए,

$$ts = \frac{x^1}{V_s} + k_2 \qquad \cdots (9)$$

इन समीकरणों में Vp व Vs दोनों प्रकार की तरंगों के वेग हैं। k_1 व ${}_2k$ उनके नियतांक हैं। अतः

$$t_S - t_P = x_1\left(\frac{1}{V_p} - \frac{1}{V_s}\right) + (k_1 - k_2) \qquad \cdots (10)$$

समीकरण (१०) की सहायता से विभिन्न वेधशालाओं से x_1 दूरी निकाल ली जाती है। फिर एक मानचित्र में, जिसमें वेधशालाओं के स्थान अंकित रहते हैं, उस दूरी के अनुसार चाप खींचे जाते हैं। जहाँ पर सबसे अधिक चाप काटते हैं, उसी बिन्दु को उत्केन्द्र कहते हैं जो चित्र-११ में दिखलाया गया है। यदि वेधशालाएँ अधिक दूरी पर होती हैं तो इस समीकरण (१०) से सरल रेखा नहीं बन पाती। ऐसी दशा में उत्केन्द्र की दूरी निकालने का अलग नियम है जिसके अनुसार पृथ्वी की दीर्घवृत्ताकार अवस्था को ध्यान में रखकर गणना की जाती है। इस जटिल समस्या का यहाँ वर्णन नहीं किया जा रहा है। उत्केन्द्र व वेधशाला में अधिक दूरी होने पर भूकम्प-विशेषज्ञ एक ग्लोब का प्रयोग करते हैं जिससे पृथ्वी की गोलाई को ध्यान में रखा जा सके। आजकल इस कार्य में एलेक्ट्रानिक संगणकों से सहायता मिलती है जो न्यूनतम वर्ग नियम का उपयोग करते हैं।

जैसा कि ऊपर बताया गया है, यदि सभी भूकम्पलेखी एक ही दिशा में हों तो उत्केन्द्र में त्रुटियाँ रह जाती हैं। उदाहरण के लिए यदि कोई भूकम्प बर्मा में हो और हम केवल भारतीय वेधशालाओं की सहायता से उत्केन्द्र निकालें तो उसका सही ज्ञान नहीं हो सकता। यही कारण है कि सभी दिशाओं में स्थित विभिन्न वेधशालाओं के आँकड़ों का प्रयोग करके

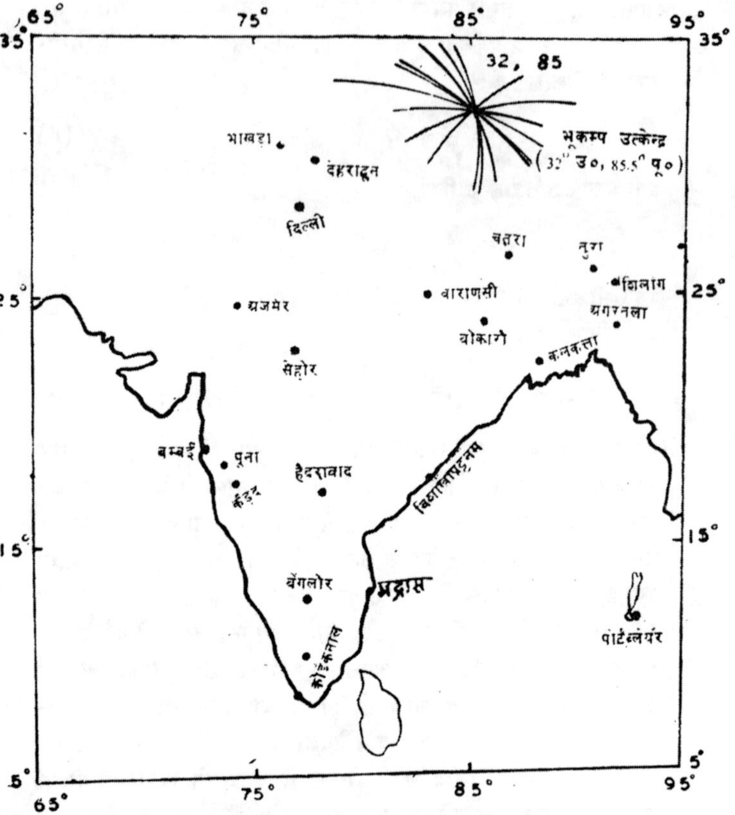

चित्र-११

भूकम्प उत्केन्द्र निकालने की एक विधि

जो उत्केन्द्र निकाले जाते हैं वे काफी हद तक सही होते हैं। अन्तर्राष्ट्रीय भूकम्प केन्द्र, न्यूबरी, इंग्लैण्ड तथा भूसर्वेक्षण विभाग, अमरीका द्वारा उत्केन्द्र इसी प्रकार निकाले जाते हैं और वे प्रायः सही होते हैं।

उद्‌गम-समय

अब प्रश्न यह उठता है कि भूकम्प का उद्‌गम-समय क्या है। हमें P तरंगों के वेधशालाओं पर पहुँचने का समय मालूम रहता है क्योंकि गमन-अवधि-तालिका में उसका उल्लेख रहता है (तालिका-८) तथा P व S तरंगों के समयान्तर से दूरी का ज्ञान भी रहता ही है। अतः इस दूरी के अनुसार वेधशाला पर P तरंगों के पहुँचने के समय से P तरंगों का समय घटाकर उद्‌गम समय निकाल सकते हैं। उदाहरण के लिए यदि दिल्ली वेधशाला में तिब्बत में हुए भूकम्प द्वारा विकसित P तरंगों का समय ६ घण्टा १० मिनट और २५ सेकेण्ड है और S व P तरंगों के अन्तर से दूरी ५५० किलोमीटर है (जो भूकम्पलेखियों द्वारा निकाली जाती है) तो समीकरणों अथवा अगले अध्याय में दी हुई तालिका-८ के अनुसार P तरंगों को यह दूरी तय करने में १ मिनट १८ सेकेण्ड लगता है। इस समय को दिल्ली के P तरंगों के समय से घटाने पर उद्‌गम समय ६ घण्टा ९ मिनट ७ सेकेण्ड निकलेगा। इसी प्रकार विभिन्न वेधशालाओं से भी उद्‌गम-समय निकालकर उनका औसत-मान निकाल लिया जाता है। जिन स्थानों पर किसी कारण से S तरंगों का समय मालूम नहीं होता, वहाँ उस वेधशाला से उत्केन्द्र की दूरी निकालने के लिए इस औसत उद्‌गम समय को P तरंगों के समय से घटाकर गमन तालिका से दूरी निकाली जाती है। यदि उत्केन्द्र का एक बिन्दु नहीं मिलता तब या तो उत्केन्द्र का समय कुछ बदल दिया जाता है और सभी दूरियों की फिर से गणना की जाती है, अथवा उसकी नाभीय गहराई बदलकर फिर से चाप लगाये जाते हैं। जहाँ पर सबसे अधिक चाप एक बिन्दु पर काटते हैं वहीं उत्केन्द्र होता है। यदि निकट की वेधशालाओं के चाप एक स्थान पर काटते हैं और दूर की वेधशालाओं के चाप अलग या दूर रह जाते हैं तो उससे यह संकेत मिलता है कि भूकम्प की नाभीय गहराई अधिक है और तब उसी के अनुसार विभिन्न तालिका का प्रयोग करना पड़ता है। इससे स्पष्ट है कि यह कार्य भूकम्प-विशेषज्ञ के लिए कितना महत्त्वपूर्ण एवं जटिल है, परन्तु संगणकों की सहायता से यह कार्य बहुत कम समय में हो जाता है। भारत

मौसम विज्ञान विभाग में इस पुस्तक के लेखक, श्री जेड० ई० शेख एवं श्री एच० एम० चौधरी ने उत्केन्द्र आदि की जाँच के लिए संगणकों का प्रोग्राम बनाया है। सुग्राहिता भूकम्पलेखी लगाकर कम समय में ही इस प्रकार के निकटस्थ भूकम्पों का अध्ययन हो सकता है और नाभीय गहराई का भी ठीक पता लग पाता है। परन्तु स्थानीय भूकम्पनीयता के अध्ययन में समय की गणना बहुत ही सही करनी चाहिए। ऐसे स्थानों पर तरंगों के सही वेगों का मान पहले कुछ रासायनिक विस्फोटन करके निकाल लेते हैं जो भूकम्प के उत्केन्द्र आदि निकालने में सहायक सिद्ध होते हैं। ऐसी अवस्था में तालिका-८ का प्रयोग करने की आवश्यकता नहीं रहती है। इस प्रकार उत्केन्द्र एक किलोमीटर एवं नाभिकीय गहराई ५ किलोमीटर तक सही निकल सकते हैं।

नाभीय गहराई

भूकम्प-विशेषज्ञों के लिए नाभीय गहराई का सही अनुमान लगाना अभी दुष्कर कार्य है। यदि भूकम्पलेखियों द्वारा चार्ट में pP कला मिल जाती है तो (pP-P) व तालिका-५ की सहायता से नाभिकीय गहराई आसानी से निकल आती है। उदाहरण के लिए यदि pP-P का अन्तर ४२.५ सेकेण्ड हो और भूकम्प के उत्केन्द्र की दूरी (S-P) के समयान्तर द्वारा ४५° हो तो भूकम्प की गहराई तालिका-५ से २०० किलोमीटर निकलेगी। इसी प्रकार निकट के भूकम्पों में Pn तरंगों द्वारा भी नाभिकीय गहराई का अनुमान लग जाता है क्योंकि इन तरंगों का गमन-समय भूकम्प की गहराई पर निर्भर रहता है।

यहाँ यह स्पष्ट करना आवश्यक है कि कभी-कभी विभिन्न संस्थाओं द्वारा एक ही भूकम्प की अलग-अलग नाभीय गहराई निकाली जाती है। ऐसी अवस्था में यदि उत्केन्द्र के पास कई वेधशालाएँ हों, जिन पर Pn-Pg तरंगों के समय ज्ञात हों, तो भूकम्प की सही गहराई निकल आती है।

भूकम्पीय परिमाण

हम जानते हैं कि भूकम्पीय तीव्रता स्थान-स्थान पर बदलती रहती है, जबकि भूकम्प का परिमाण भूकम्प के लिए एक ही रहता है जो उसकी ऊर्जा का द्योतक है। परिमाण का मापक्रम किसी संख्या से निकलता है। अब तक सबसे बड़े भूकम्प का परिमाण ८.६ पाया गया है और सबसे छोटे भूकम्प का परिमाण —३ के लगभग। परिमाण की गणना लघु समीकरण से निकलती है, अतः उसमें ॠण संख्याएँ भी पायी जाती हैं। यही कारण है कि ८·० परिमाण का भूकम्प ७·० परिमाणवाले भूकम्प की अपेक्षा दस गुना बड़ा होता है, और इसी तरह ६·० परिमाण के भूकम्प की अपेक्षा १०० गुना, इत्यादि।

भूकम्प परिमाण M(एम), नाभीय गहराई h, एवं अधिकाधिक तीव्रता I_0 के बीच निम्न समीकरण का प्रयोग किया जा सकता है :

$$M = 0.67\ I_0 + 1.7 \log\ h - 1.4 \qquad \cdots (11)$$

यह समीकरण यूरोपीय भूकम्पों के आधार पर निकाला गया है और भारत के कुछ ही स्थानों पर लागू हो सकता है।

1935 में रिक्टर नामक जर्मन वैज्ञानिक ने दक्षिणी कैलिफोर्निया के स्थानीय भूकम्पों के परिमाण निकालने के लिए एक परिभाषा निम्न प्रकार से दी :

वुडएंडरसन ऐंठन भूकम्पलेखी द्वारा निकाले गये भूकम्पों के परिमाणों को M_L कहते हैं यदि इसका स्वतन्त्र आवर्त-काल ०.८ सेकेण्ड, अधिकाधिक आवर्धन २८००, स्पन्दन गुणांक = ०.८ हो और यह भूकम्प के उत्केन्द्र से १०० किलोमीटर दूर रखा गया हो। यदि भूकम्पलेखी किसी और दूरी पर है तो अधिकाधिक आयाम में दूरी के अनुसार परिवर्तन मालूम होने पर उससे भी परिमाण निकाला जा सकता है। इसी को रिक्टर परिमाण कहते हैं।

दिल्ली, पूना, देहरादून, पोर्टब्लेयर, शिलांग आदि की भारतीय वेधशालाओं में इस प्रकार के भूकम्पलेखी स्थानीय भूकम्पों के परिमाण निकालने में बड़े ही सहायक होते हैं। इनके आवर्धन २८०० की बजाय

१००० हैं। अतः भूकम्पलेखी द्वारा निकाले गये सबसे अधिक आयाम को उसी अनुपात में बदल लेते हैं। १६४५ में रिक्टर ने ही पृष्ठीय तरंगों से परिमाण निकालने की एक और विधि निकाली जो दूर-दूर के भूकम्पों के परिमाण जानने में बहुत ही उपयोगी सिद्ध हुई। इसमें १८ सेकेण्ड से २२ सेकेण्ड तक के आवर्त की पृष्ठीय तरंगें लेते हैं, और निम्न समीकरण का प्रयोग किया जाता है :

$$M = 1.66 \log\triangle + 3.3 + \text{लघु} \frac{A}{T} \qquad \cdots(12)$$

यहाँ $\triangle$ = उत्केन्द्र की दूरी, A = आयाम (10^{-7} सें० मी०) व T उसी तरंग का आवर्त (सेकेण्ड) हैं।

अतः यदि १८ से २२ सेकेण्ड की पृष्ठीय तरंगों के आयाम एवं आवर्त नापे जा सकें तो पृष्ठीय परिमाण समीकरण (१२) द्वारा निकल आता है। परिमाण निकालने के लिए भूकम्पलेखी के अनुसंशोधन वक्र की सहायता ली जाती है, जिससे चार्ट के द्वारा निकाले गये आयाम को पृथ्वी के विस्थापन या गति में बदला जा सके। इसी प्रकार पिण्ड-तरंगों द्वारा परिमाण की गणना में निम्न समीकरण का प्रयोग किया जाता है :

$$Mb = \log \frac{A}{KT} + Q \qquad \cdots(13)$$

यहाँ A = भूकम्पीय आयाम (10^{-7} सें० मी०), T = आवर्त व K और Q एक तालिका में दिये जाते हैं।

पृष्ठीय व पिण्ड तरंगोंवाले परिमाणों में निम्न समीकरण पाया गया है :

$$Mb = 2.5 + 0.63M \qquad \cdots(14)$$

भूकम्पीय परिमाण नाभीय क्रिया पर निर्भर करता है। यही कारण है कि इस विषय में अभी भी निरन्तर अनुसन्धान किये जा रहे हैं। परिमाण की सही गणना करने के लिए विभिन्न दिशाओं में स्थित वेधशालाओं से औसत मान निकाल लिया जाता है :

तालिका-५

(pP-P) तरंगों के समय (सेकेण्ड); हेरिन माडेल

दूरी	नाभीय गहराई (किलोमीटर)						
△°	५०	१००	२००	३००	४००	५००	६००
१०°	७ ६						
१५°	८.६						
२०°	१०.७	१७.५					
२५°	१२.२	२१.२	३८.२	५३.३			
३०°	१२.५	२१.८	३९.९	५६.६	७१.४	८३.७	
३५°	१२.६	२२.२	४०.७	५७.८	७३.२	८६.४	९७.३
४०°	१२.८	२२.६	४१.६	५९.३	७५.३	८९.२	१००.९
४५°	१३.०	२३.०	४२.५	६०.७	७७.४	९२.१	१०४.७
५०°	१३.२	२३.५	४३.४	६२.२	७९.४	९४.९	१०८.३
६०°	१३.५	२४.२	४५.०	६४.८	८३.१	९९.७	११४.६
७०°	१३.८	२४.८	४६.३	६६.९	८६.०	१०३.५	११९.७
८०°	१४.१	२५.४	४७.६	६८.९	८८.९	१०७.५	१२४.६
९०°	१४.३	२५.९	४८.६	७०.५	९१.१	११०.४	१२८.३
१००°	१४.३	२५.९	४८.८	७०.८	९१.५	११०.९	१२९.०

६

पृथ्वी की आन्तरिक बनावट

पृथ्वी की भीतरी परतें

पृथ्वी के भीतरी भागों का अध्ययन करने के लिए हम खोदकर चट्टानें निकाल सकते हैं, परन्तु इसके लिए हमें लगभग ६००० किलोमीटर तक की गहराई में पहुँचना होगा जो अभी तो असम्भव है। छठे अध्याय में हम पढ़ चुके हैं कि भूकम्पीय तरंगें पृथ्वी के अन्दर एक छोर से दूसरी ओर तक पहुँच सकती हैं। पृथ्वी के भीतर किये गये न्यूक्लीय (नाभिकीय) विस्फोटन द्वारा विकसित तरंगें पृथ्वी की परतों के विषय में विश्वसनीय सूचनाएँ प्रदान करती हैं।

पृथ्वी के भीतरी भागों को निम्न परतों में बाँटा गया है, जिन्हें चित्र ८ में दिखलाया गया है :

१. भूपृष्ठ।

२. प्रावरण।

३. कोड।

भूपृष्ठ की गहराई महाद्वीपों के नीचे ३० से ६० किलोमीटर होती है। समुद्रों में यह कम होकर पाँच से दस किलोमीटर हो जाती है। पृष्ठ से नीचे २९०० किलोमीटर तक प्रावरण फैला हुआ है। उसके नीचे पृथ्वी के

केन्द्र तक के भाग (६३७० किलोमीटर) को कोड कहते हैं जिसके दो भाग होते हैं।

पृष्ठ

पृथ्वी के पृष्ठ में भी कई परतें होती हैं परन्तु अधिकतर स्थानों में ग्रेनाइट एवं बैसाल्ट नामक चट्टानों की दो परतें मिलती हैं। इन दोनों परतों के बीच की सान्तरता को कानरेड नामक वैज्ञानिक के नाम पर कानरेड सान्तरता कहते हैं। पृष्ठीय परत व प्रावरण के बीच की सान्तरता को मोहोरोविक (संक्षेप में 'मोहो') सान्तरता कहते हैं जो एक फ्रांसीसी वैज्ञानिक के नाम पर आधारित है।

अब तक खनिज पदार्थों का पता लगाने के लिए विभिन्न युक्तियाँ प्रयोग में लायी गयी हैं जिनसे भूपृष्ठ की ऊपरी परतों के विषय में भी जानकारी प्राप्त हो सकी है। ये युक्तियाँ आगे बतायी जा रही हैं।

गहरा खोदना : यह सबसे विश्वसनीय युक्ति है जिससे खनिज पदार्थों व सान्तरता आदि का पता लगता है। १९५७ में अमरीका ने एक नयी मोहोल नामक प्रयोजना रखी जिसका मुख्य ध्येय पृथ्वी खोदकर मोहो सान्तरता तक पहुँचना था। यह एक कठिन कार्य था क्योंकि कुछ स्थानों पर पृष्ठ की गहराई ३५ से ४० किलोमीटर होती है। परन्तु समुद्रों में, जहाँ इसकी गहराई केवल ५ से १० किलोमीटर होती हैं, कुछ सफलता प्राप्त हो सकने की सम्भावना है। इसी प्रकार के प्रयोग सोवियत रूस में भी चल रहे हैं। यद्यपि इस युक्ति से मोहो तक नहीं भी पहुँच सकते हैं, फिर भी जिन स्थानों पर भूकम्पों की गहराई ५ से १० किलोमीटर होती है, वहाँ पर उनके उद्गम स्थानों के विषय में महत्त्वपूर्ण जानकारी प्राप्त हो सकेगी।

निकट के भूकम्प : समान चट्टानों में P व S तरंगों के वेग भी नियमित होते हैं परन्तु जब विभिन्न प्रकार की चट्टानोंवाली परतें एक-दूसरे के ऊपर होती हैं तब P व S तरंगों की विभिन्न कलाएँ भी भूकम्पलेखियों द्वारा ज्ञात होती हैं जिनसे उनके वेग व परतों की मोटाई की गणना की जा सकती है। एक ही प्रकार की तरंगों (जैसे Pg, जो उत्केन्द्र से सीधे एक

रेखा में चलकर वेधशाला तक पहुँच जाती है) के विभिन्न दूरी पर स्थित वेधशालाओं तक पहुँचने का समय भूकम्पलेखियों द्वारा माप लेते हैं तथा उत्केन्द्र व वेधशालाओं के बीच की दूरी गणित द्वारा निकाल लेते हैं। उदाहरण के लिए, किसी भूकम्प का उद्गम समय ०२ घण्टा २० मिनट ४.५ सेकेण्ड है। पहली वेधशाला में Pg तरंग ०२ घण्टा २० मिनट १४·५ सेकेण्ड पर पहुँची। अत: इस तरंग का गमन-समय १० सेकेण्ड निकला। यदि वेधशाला व उत्केन्द्र के बीच की दूरी ६० किलोमीटर हो, तो Pg तरंग का वेग ६० ÷ १० अर्थात् ६ किलोमीटर प्रति सेकेण्ड हो जायेगा। वेग का सही मान निकालने के लिए कई वेधशालाओं की आवश्यकता होती है जिससे प्रेक्षण की त्रुटियाँ ठीक की जा सकें। Pn जैसी दूसरी कलाओं के वेग निकालने की विधि भी मिलती-जुलती है। यदि भूकम्पों के उत्केन्द्र ऊपरी परत में हों और Pg, Pn एवं p तरंगों का मान मालूम हो, तो दो परतों (ग्रेनाइट एवं बैसाल्ट) की मोटाई की गणना की जा सकती है।

भूपृष्ठ के अनुसन्धान में भकम्पों का प्रयोग करने में निम्न प्रकार की कठिनाइयाँ होती हैं :

१. भूकम्पों के उत्केन्द्र व उद्गम-समय का सही-सही ज्ञान नहीं होता है, अतः इनकी सहायता से निकाले गये P व S तरंगों के मान में कुछ-न-कुछ त्रुटियाँ रह जाती हैं।
२. यदि भूपृष्ठ के विषय में उन स्थानों पर सूचना प्राप्त करनी हो, जहाँ भूकम्प नहीं होते हैं, तब इस विधि का प्रयोग नहीं किया जा सकता।

उपर्युक्त कठिनाइयों को दूर करने के लिए रासायनिक अथवा न्यूक्लाई विस्फोटनों का प्रयोग किया जाता है।

विस्फोटनों में दो युक्तियाँ प्रयोग में आती हैं :

१. **अपवर्तन युक्ति** : इसमें विस्फोटन के स्थान से कुछ दूर तक एक रेखा में भूकम्पलेखी (जियोफोन) रखे जाते हैं। यदि भूपृष्ठ की मोटाई वहाँ पर ३० किलोमीटर हो तो ३०० किलोमीटर अर्थात् दस गुनी दूरी पर यन्त्र रखना पड़ता है।

२. **परावर्तन युक्ति** : इसमें विभिन्न परतों के बीच की सान्तरता से भी परावर्तित होकर तरंगें भूकम्पलेखियों द्वारा रिकार्ड कर ली जाती हैं। अतः लगभग १०० किलोमीटर के अन्दर ही कई भूकम्पलेखियों को एक कतार में रखकर सान्तरता की गहराई का पता लगाया जाता है क्योंकि इस दूरी पर क्रान्तिक कोण पर परावर्तन होने से तरंगों की कलाओं में अधिक ऊर्जा होती है जिससे वे रिकार्डों के आधार पर आसानी से पहचानी जा सकती हैं।

यदि कुछ स्थानों पर मोहोरोविकिक सान्तरता समतल अर्थात् क्षैतिज न होकर झुकी हो, तो पहले एक ओर से विस्फोटन करके भूकम्पलेखियों से रिकार्ड करते हैं। उसके बाद भूकम्पलेखियों के दूसरी ओर (पहली बार से उल्टी दिशा में) विस्फोटन करके प्रेक्षण लिये जाते हैं।

राष्ट्रीय भूगर्भीय अनुसन्धान संस्थान, हैदराबाद द्वारा डॉ० के० एल० कैला की अध्यक्षता में भारत के विभिन्न भागों में विस्फोटनों द्वारा भूपृष्ठ के अध्ययन किये जा रहे हैं। १९७१-१९७४ में दक्षिणी पठार में इस तरह के अध्ययन इसी सहायता से किये गये जो भूकम्प-गम्भीरतामापन या डी० एम० एस० (डीप सीस्मीक साउंडिंग) प्रोजेक्ट के अन्तर्गत किये गये थे। हिमालय (कश्मीर) के क्षेत्र में इनसे यह पता चला कि मोहोसान्तरता उत्तर की ओर अधिक झुकी हुई है।

भारतीय क्षेत्र में भूपृष्ठ

विभिन्न अनुसंधानों द्वारा यह स्पष्ट हो गया है कि हिमालय के नीचे भूपृष्ठ की मोटाई ६० से ७० किलोमीटर है। भारत के अन्य भागों में इसका मान ४० से ४५ किलोमीटर निकाला गया है। बंगाल की खाड़ी एवं हिन्द महासागर में भूपृष्ठ लगभग २५ किलोमीटर मोटा है। यह भी पता चला है कि समुद्री क्षेत्रों में ग्रेनाइट की परत नहीं पायी गयी, वहाँ केवल बैसाल्ट चट्टानें ही हैं। जैसे-जैसे हम उत्तर की ओर बढ़ते हैं, ग्रेनाइट की परत मिलती है जिसकी मोटाई बढ़कर हिमालय पर्वत के नीचे लगभग ४० किलोमीटर हो जाती है। दक्षिणी पठार में भारतीय मौसम

विज्ञान के अनुसार पृष्ठ की मोटाई डी० एस० एस० द्वारा ३७ से ३८ किलोमीटर पायी गयी है।

भूपृष्ठ एवं प्रावरण का अध्ययन करने में पृष्ठीय रैले और लव तरंगे भी उपयोगी होती हैं। छठे अध्याय में हम इन तरंगों के विक्षेपण की घटना के विषय में पढ़ चुके हैं। पृष्ठीय तरंगें जितनी गहराई में घुसती हैं, उतनी ही अधिक आवर्त की तरंगें भूकम्पलेखियों द्वारा रिकार्ड की जाती हैं। इन तरंगों के वेग उनके आवर्त पर निर्भर करते हैं। पृथ्वी की बनावट का रैले और लव तरंगों के कला-वेग और संघ-वेग द्वारा अध्ययन किया जा सकता है। कभी-कभी दो वेधशालाओं से वेगों की गणना की जाती है, पर कला-वेग निकालने के लिए तीन वेधशालाओं (त्रिभुजाकार) का समान रूप की चट्टानों में स्थित होना आवश्यक है। यदि तरंगों के आवर्त ३ से १५ सेकेण्ड हों, तो अवसाद की मोटाई का अनुमान लग जाता है। उत्तरी भारत, कनाडा, बाल्टिक व आस्ट्रेलिया, पश्चिमी-पूर्वी अफ्रीका और उत्तरी मध्य अमरीका में कला-वेग के मान अधिक होते हैं। आवर्त ८० सेकेण्ड होने पर कला-वेग ४.२ किलोमीटर प्रति सेकेण्ड तक पाया गया है। इसके विपरीत उन थलीय स्थानों में जहाँ भूकम्प बहुत कम होते हैं, कला-वेग ४.०८ किलोमीटर प्रति सेकेण्ड उसी आवर्त पर निकलता है, जैसे पूर्वी आस्ट्रेलिया, दक्षिणी-पश्चिमी अफ्रीका, दक्षिणी फ्रांस एवं अरब। पहाड़ों के नीचे तरंगों के वेग साधारणतया कम होते हैं। श्री एच० एम० चौधरी ने भारतीय क्षेत्र के अन्तर्गत गंगा की तराई में अवसाद की मोटाई लगभग पाँच किलोमीटर निकाली है और भूपृष्ठ की मोटाई लगभग ४० किलोमीटर पायी गयी है। तिब्बत व हिमालय क्षेत्र में भूपृष्ठ की मोटाई डॉ० हरिनारायण एवं डॉ० हर्ष गुप्ता के अनुसार ६० से ७० किलोमीटर है। तिब्बत में अवसाद की मोटाई अमरीका के डॉ० मोलनर ने ६ किलोमीटर के लगभग निकाली है। दक्षिणी पठार की मोटाई मध्य भाग में ४१ किलोमीटर है जो पश्चिमी घाटों में बढ़कर ५१ किलोमीटर हो जाती है। इस परिणाम की पुष्टि रासायनिक विस्फोटनों द्वारा प्राप्त पिण्ड तरंगों से नहीं होती है। १९७१ में डॉ० एस० एन० भट्टाचार्य एवं लेखक ने खड़की (पूना) के पास के एक आकस्मिक विस्फोटन द्वारा प्राप्त

'रिकार्डों का अध्ययन किया जिसके अनुसार कोयना के आस-पास लावा जमी हुई ऊपरी परत की मोटाई लगभग १.२५ किलोमीटर पायी गयी।

तालिका-६ में निकटवाले भूकम्पों द्वारा प्राप्त कुछ प्रमुख परिणाम भूपृष्ठीय परतों और 'पी' व 'एस' तरंगों के वेगों के विषय में दिये गये हैं। मोहो के पास इन तरंगों के वेग क्रमशः लगभग ८.१ व ४.७ किलोमीटर प्रति सेकेण्ड होते हैं।

प्रावरण

जैसा हम पढ़ चुके हैं कि भूपृष्ठों (मोहो) व कोड के बीच में लगभग २९०० किलोमीटर तक प्रावरण फैला हुआ है। इसको भी दो भागों में विभाजित किया जा सकता है। ऊपरी प्रावरण में 'पी' व 'एस' तरंगों के वेगों में स्थानीय परिवर्तन पाये जाते हैं, जो चट्टानों की बनावट पर निर्भर रहती है। ९०० किलोमीटर के बाद प्रावरण की बनावट लगभग सभी स्थानों पर एकसमान है। ऊपरी प्रावरण में मुख्यतः सिलीकेट अर्थात् ओलिविन पदार्थ होते हैं। परन्तु निचले प्रावरण में यही सिलीकेट अधिक दाब के कारण पास-पास होकर घनत्व का मान बढ़ा देते हैं।

ऊपरी प्रावरण में १५० से २०० किलोमीटर गहराई तक न्यून वेग-वाली मृदुल परत मिलती है जिसकी मोटाई विभिन्न स्थानों में विभिन्न रहती है। पठार में यह परत बहुत ही पतली हो जाती है। इस न्यून वेग-वाली परत के ऊपर ही आज का प्लेट विवर्तन सिद्धान्त निर्भर करता है जिससे भूकम्प की पट्टियों को समझने में सहायता मिली है। अधिकतर माडेलों के अनुसार ३५० से ४०० एवं ६०० से ७०० किलोमीटर के बीच 'पी' व 'एस' तरंगों के वेगों में दो तरह की सान्तरता पायी गयी है। प्रावरण की सीमा पर 'पी' व 'एस' तरंगों के मान बढ़कर क्रमशः लगभग १३.८ किलोमीटर प्रति सेकेण्ड और ७ किलोमीटर प्रति सेकेण्ड तक पहुंच जाते हैं।

कोड

प्रावरण की सीमा अर्थात् २९०० किलोमीटर नीचे से पृथ्वी के केन्द्र

(६३७० किलोमीटर) तक का भाग कोड कहलाता है। इसको भी दो भागों में विभाजित किया गया है। बाहरी कोड लगभग पाँच हजार किलोमीटर तक फैला हुआ है और उसके नीचे का भाग आन्तरिक कोड कहलाता है। आन्तरिक कोड में 'पी' व 'एस' दोनों तरंगें प्रवेश करती हैं, परन्तु बाहरी कोड (जिसका अर्द्धव्यास ३४८२-३४८५ किलोमीटर है) में 'एस' तरंगें प्रवेश नहीं करतीं जिससे उसकी द्रव अवस्था (दृढ़ता गुणांक शून्य) का संकेत मिलता है। आन्तरिक कोड ठोस है और उसका अर्द्धव्यास १२१५-१२३० किलोमीटर है। प्रावरण व कोड की सान्तरता में 'पी' व 'एस' तरंगों के वेगों के मान घटकर लगभग आठ किलोमीटर प्रति सेकेण्ड व शून्य तक पहुँच जाते हैं। उसके बाद 'पी' तरंगों के वेग फिर से बढ़ने लगते हैं, जो पृथ्वी के केन्द्र के पास लगभग ११.२ किलोमीटर तक हो जाते हैं।

१८९७ में ही विकर्ट नामक जर्मन भूगर्भशास्त्री ने बतलाया था कि पृथ्वी के कोड में निकिल और लोहा तथा उसके बाहरी प्रावरण में सिलीकेट हैं। कोड में लौह तत्त्व होने के सम्बन्ध में निम्न कारण बतलाये गये :

१. लौह होने से ही कोड का घनत्व अधिक हो सकता है।
२. लौह कोड के कारण ही पृथ्वी की चुम्बकीय शक्ति को समझाया जा सकता है।

यद्यपि तब से निरन्तर नये अनुसन्धान हो रहे हैं, परन्तु ये तथ्य अभी तक सही माने जाते हैं। पृथ्वी के बाहरी कोड में लोहा द्रव अवस्था में है और भीतरी कोड में ठोस लोहा है।

पृष्ठ, प्रावरण एवं प्रावरण-कोड की सान्तरताओं का कारण सीमाओं के दोनों ओर विभिन्न रासायनिक पदार्थों का होना है।

पृथ्वी के कोड का अध्ययन भूकम्पलेखियों द्वारा विश्लेषित किये गये PcP (पी सी पी) व ScS (एस सी एस) तरंगों द्वारा किया जाता है जो बाहरी कोड से परावर्तित होती हैं। PKP व PKIKP तरंगें भीतरी कोड के अध्ययन में उपयोगी होती हैं। इनसे भूकम्पीय एरे स्टेशनों द्वारा किये गये अनुसन्धान में विशेष सहायता प्राप्त हुई है, जिसके फलस्वरूप पृथ्वी के अर्धव्यास का भी सही अनुमान निकल सका है।

तालिका-७ में विभिन्न वैज्ञानिकों द्वारा निकाले गये P तरंगों के वेग माडेल दिये गये हैं। गुटेनबर्ग एवं जेफ्री बुलेन नामक वैज्ञानिकों के नाम से प्रचलित मॉडलों के अनुसार पृथ्वी के अन्दर ४१३ किलोमीटर व २९०० किलोमीटर गहराई में सान्तरता पायी गयी है।

तालिका-६

भूपृष्ठ की मोटाई व तरंगों के वेग

क्षेत्र	परतें	मोटाई किलोमीटर	'पी' तरंगों के वेग किलो० प्र० सेकेण्ड	'एस' तरंगों के वेग किलो० प्र० सेकेण्ड
हिमालय	ग्रेनाइट (१)	२२.७	५.४८	३.३३
	ग्रेनाइट (२)	१६.३	६.००	३.५६
	बैसाल्ट	१८.७	६.४५	३.९०
	मोहो	५७.७	८.०७	४.५७
किन्नौर	ग्रेनाइट	३३	५.६	३.३
	बैसाल्ट	१६	६.६७	३.६५
	मोहो	४९	८.२	४.४
धर्मशाला	ग्रेनाइट	२४	५.७२	३.२९
	बैसाल्ट	२१	६.६२	३.७२
	मोहो	४५	८.२२	४.७३
गंगा की	अवसाद	३.७	२.७०	—
तराई	ग्रेनाइट	१५.२	५.६४	३.४५
	बैसाल्ट	२१.४	६.४९	३.८५
	मोहो	४०.३	८.०६	४.६१
असम	ग्रेनाइट	२४.८	५.५८	३.४३
	बैसाल्ट	२१.५	६.५५	३.८५
	मोहो	४६.३	७.९१	४.४६
मध्य	ग्रेनाइट	२०.०	५.७८	३.४२
पठार	बैसाल्ट	१८.७	६.५८	३.९२
	मोहो	३८.७	८.१९	४.६२
बंगाल	बैसाल्ट	२५.४	६.२८	—
की खाड़ी	मोहो	२५.४	८.००	—

[तालिका-७

पृथ्वी में तरंगों के वेग

गहराई किलोमीटर	गुटेनबर्ग मॉडल वेग (कि० प्र० से०) (१९५९)		जेफ्री बुलेन मॉडल वेग (कि० प्र० से०) (१९४८)		हेरिन मॉडल वेग (१९६८)
	'पी' तरंगें	'एस' तरंगें	'पी' तरंगें	'एस' तरंगें	'पी' तरंगें
०	५·५५	३·३६	५·५५	३·३६	६·००
१५	६·३०	३·५५	६·३०	३·५५	६·७५
१५	६·३०	३·५५	६·३०	३·५५	६·७५
३३	८·१६	४·६५	७·७५	४·३५	—
४०	—	—	—	—	८·०५
१००	८·००	४·४०	७·९५	४·४५	८·१२
१५०	७·८५	४ ३५	—	—	८·२०
२००	८·०५	४·४०	८·२६	४·६०	८·३२

३००	८·५०	४·६०	८·५८	४·७६	८·६८
४१३	९·०६	५·००	८·९७	४·९६	९·१९
४१३	९·०६	५·००	—	—	—
५००	९·६०	५·३०	९·६६	५·३२	९·६४
१०००	११·४०	६·३५	११·४३	६·३६	११·४४
२०००	१२·८०	६·९५	१२·७०	६·९०	१२·७८
२९००	१३·६५	७·२८	१३·६४	७·३०	१३·६७
२९००	८·०४	०	८·१०	०	(२८९४)
४३७०	९·७०	०	९·८७	०	
५१२०	१०·४८	०	९·४०	०	
५१२०			११·१६	०	
५३७०	११·१३	०	११·२१	०	
६३७०	११·१५	०	११·३१	०	

तालिका-८।

जेफ्री बुलेन (१९४८) गमन-समय तालिका (संक्षिप्त)

दूरी △°	'पी' तरंगों का समय गहराई (किलोमीटर)				'एस' तरंगों का समय गहराई (किलोमीटर)			
	०·०	९६	३५०	७३०	०.०	९६	३५०	७३०
	मिनट सेकेण्ड	मि० से०	मि० से०	मि० से०	मि० से०	मि० से०	मि० से०	मि० से०
०.०	(६.८)	१३.५	४३.९	२२.८	(१०.७)	२३.६	१-१८.३	२-२८.६
५.०	१-१८.१	१-१४.१	१-२०.१	१-४१.४	२-१७ ५	२-११.१	२-२३.०	३-२.०
१०.०	२-२८.०	२-२२.२	२-१८.८	२-२१.४	४-२२.२	४-१३.२	४-८.६	४-१३.८
२०.०	४-३७.०	४-२७.१	४-७.९	३-५१.३	८-१७.१	८-१.६	७-२८ ३	६-५६.३
३०.०	६-१२.५	६-०१.६	५-३९.२	५-१७.४	११-१०.२	१०-५१.१	१०-१०.९	९-३१.६
४०.०	७-३८.१	७-२६.७	७-३.२	६-३८.९	१३-४४.५	१३-२४.८	१२-४२.९	११-५८.४
५०.०	८-५८.०	८-४६·४	८-२१.६	७-५४.४	१६-८.६	१५-४८.३	१५-४.४	१४-१५.८
६०.०	१०-१०.७	९-५८.७	९-३३.५	९-२.६	१८-२२.६	१८-१.८	१७-१६.२	१६-२३.७
७०.०	११-१५.४	११-०३ १	१०-३५.९	१०-४.२	२०-२५.६	२०-४.४	१९-१७.१	१८-२०.८
८०.०	१२-१२.७	१२-९.२	११-३२.३	१०-५८.७	२२-१६.५	२१-५४.७	२१-५.८	२०-६.६
९०.०	१३-०२.७	१२-४९.८	१२-२१.४	११-४६ ७	२३-५४.५	२३-३२.२	२२-४१.६	२१-३९.५
१००.०	१३-४८·४	१३-३५.५	१३-०७.१	१२-३२.१	२५-२०.४	२४-५७.९	२४-६.९	२३-३ ९
१०४.०	१४-०६.२	१३-५३.२	१३-२०.३	—	२५-५३.८	२५-३१.३	२२-४०.२	—

टिप्पणी : भूकम्प-विज्ञान में दूरियों की गणना कोण में बदलकर अंकित की जाती है। १° = १११ किलोमीटर

१०

भूकम्प एवं नदी के बाँध

कृत्रिम भूकम्पों के उदाहरण

पिछले २५ वर्षों में लगभग दो दर्जन ऐसे आधार पाये गये हैं जिनसे यह संकेत प्राप्त होते हैं कि कुछ विशेष परिस्थितियों में नदी के ऊपर बनाये गये बाँधों से भूकम्प आ सकते हैं। अधिकतर स्थानों में ऐसे भूकम्पों के परिमाण ४.५ से कम ही रहते हैं परन्तु कुछ स्थानों में इनके परिमाण ६ या ६.५ तक पहुँच गये जो पर्याप्त विध्वंसक सिद्ध हुआ। इस प्रकार के भूकम्पों के कारणों के विषय में भूवैज्ञानिकों में मतभेद है। कुछ का विचार है कि बांध में पानी की मात्रा बढ़ते ही उसके दबाव से भूकम्प होने लगते हैं, परन्तु अधिकतर वैज्ञानिकों का मत है कि इन स्थानों पर बड़े भूकम्पों का भी सम्बन्ध विवर्तनी कारणों से रहता है। भारत में ११ दिसम्बर १९६७ के कोयना भूकम्प के बाद यहाँ के वैज्ञानिकों ने भी इस विषय पर अनुसन्धान प्रारम्भ कर दिये। नदी के बाँधों को इस प्रकार के विध्वंसक भूकम्पों से बचाने के दृष्टिकोण से १९७३ में और सितम्बर १९७५ में इंगलैण्ड में दो गोष्ठियां हुईं जिनमें विश्व के वैज्ञानिकों ने अपने-अपने मत प्रकट किये। इसके बारे में फ्रांस के प्रमुख वैज्ञानिक डाक्टर जे० रोथे का विचार है कि किसी भी बाँध में, जिसकी ऊँचाई

१०० मीटर से अधिक हो, पानी बढ़ने पर भूकम्प आ सकते हैं।

तालिका-९ में बाँधों के निकट वाले भूकम्पों के विषय में विस्तृत सूचना दी गयी है। इस प्रकार के भूकम्पों की मुख्य विशेषता यह पायी गयी है कि इनके उत्केन्द्र बाँध के आस-पास होते हैं और उनकी नाभीय गहराई बहुत ही कम होती है। नीचे कुछ प्रमुख भूकम्पों का वर्णन किया जा रहा है जिससे यह स्पष्ट होगा कि बाँध में पानी भरने के बाद या तो भूकम्पों के झटके महसूस होना प्रारम्भ हो जाता है अथवा वहाँ की भूकम्पनीयता बढ़ जाती है।

१. **लेकमीड (अमरीका)** : सबसे प्रथम भूकम्पों के संकेत कोलेरेडो नदी पर बने हूवर बाँध (बोल्डर) के पास प्राप्त हुए। वहाँ पर १५ वर्षों तक कोई भूकम्प नहीं आया, परन्तु १९३५ में बाँध में पानी भरने के बाद ही दूसरे वर्ष से ही झटके आने प्रारम्भ हो गये। लगभग १०० झटके १९३७ में महसूस किये गये। मई १९३९ में सबसे बड़ा भूकम्प आया जिसका परिमाण रिक्टर स्केल में ५ के बराबर था। उसके बाद भूकम्पों की संख्या कम होकर अपनी पूर्व अवस्था में वापस आ गयी।

२. **वेजोंत (इटली)** : इस बाँध के निकट १९६० से १९६३ के बीच २५० भूकम्प रिकार्ड किये गये। भूकम्पों की संख्या १९६३ में अधिक थी जब कि बाँध में पानी की सतह बहुत ऊँची थी। इसके बाद ही अक्टूबर के महीने में भूस्खलन हुआ।

३. **क्रेमस्ता (ग्रीस)** : इस बाँध में जुलाई १९६५ से पानी भरना प्रारम्भ किया गया। इसके बाद ही अगस्त में कुछ भूकम्प के झटके महसूस किये गये। दिसम्बर में इनकी संख्या बढ़ती गयी। ५ फरवरी १९६६ को ६.२ परिमाण का भूकम्प आया जिसके बाद के झटके पूरे वर्ष भर तक आते रहे।

४. **करीबा (जाम्बिया** : जाम्बिया एवं रोडेशिया की सीमा के निकट करीबा बाँध के आस-पास छोटे-छोटे भूकम्प आते हैं। १९५८ से इस झील में पानी भरा गया। पाँच वर्ष बाद १९६३ में वहाँ पर सबसे अधिक भूकम्प आये और २३ सितम्बर को एक विध्वंसक भूकम्प आया। फिर उसके बाद भूकम्पों की संख्या घटने लगी।

५. सेयन फेकियांग (चीन) : कैण्टन से १६० किलोमीटर दूर उत्तर-पूर्व में यह बांध है जहाँ अक्टूबर १९५९ से पानी भरा जाने लगा। उसके बाद ही भूकम्पों के झटके महसूस होने लगे। १९६१ में तीव्रता आठ (परिवर्तित मार्केली स्केल) के अनुसार इस बाँध को अधिक मजबूत कर दिया गया। इसके बाद मार्च १९६२ में ६.१ परिमाण का एक भूकम्प आया जिसका उत्केन्द्र बाँध से लगभग एक किलोमीटर दूर था। बाँध को मजबूत कर दिये जाने के बावजूद उसमें ८२ मीटर लम्बी एक दरार पड़ गयी। कुछ समय बाद भूकम्पों की संख्या घटने लगी। इस स्थान पर उत्तरी-पूर्वी व उत्तरी-पश्चिमी दिशा में कई भ्रंश पाये गये थे।

६. ओरोविले, कैलिफोर्निया (अमरीका) : इस झील में १९६७ ई० तक भूकम्पनीयता पर कोई विशेष प्रभाव नहीं पड़ा, परन्तु जून १९७४ ई० से अचानक ही भूकम्पों की सख्या बढ़ने लगी। १ अगस्त १९७५ ई० को लगभग ५.५ परिमाण का भूकम्प आया जिसके बाद भूकम्पों की संख्या घटने लगी।

७. बेन्मोर (न्यूजीलैण्ड) : इस झील में १९६४ ई० से पानी भरा गया। एक वर्ष बाद से भूकम्पों की संख्या बढ़ने लगी जिनके उत्केन्द्र भी बाँध के आसपास ही थे। डेढ़ व सवा छः वर्ष के अन्तराल पर वहाँ दो बड़े भूकम्प आये जो बाँध से बीस किलोमीटर अन्दर थे। छोटे-छोटे भूकम्प अब भी आ रहे हैं।

इनके अतिरिक्त और भी कृत्रिम झीलों से सम्बन्धित भूकम्प तालिका-९ में दिये गये हैं। चित्र (१२) में ऋतु के अनुसार ग्रीस के मैराठों बाँध के आस-पास के भूकम्पों की संख्या व झील की ऊँचाई में सम्बन्ध दिखलाया गया है।

भारतीय जलाशय एवं भूकम्प

पिछले २० वर्षों में भारत के विभिन्न भूगर्भीय क्षेत्रों में कई नदियों पर बाँध बनाये गये हैं। केन्द्रीय जल ऊर्जा अनुसन्धान केन्द्र पूना के वैज्ञानिक डा० एस० के० गुहा के अनुसार दक्षिण पठार के किनेरसानी (आन्ध्र प्रदेश), परम्बिकुलम (केरल), मंगलम (केरल), कोलभार (केरल),

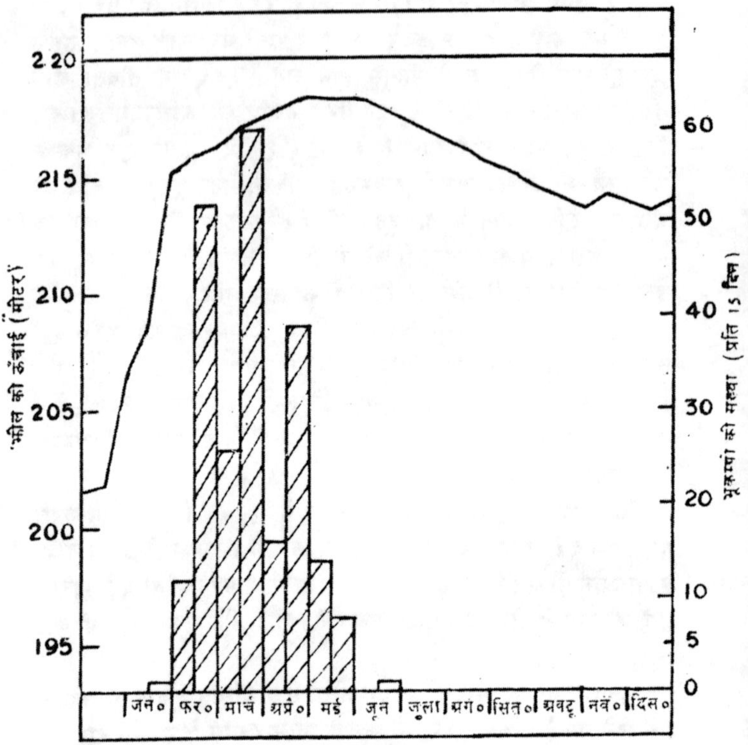

चित्र-१२

झील में पानी की ऊँचाई के अनुसार भूकम्पों की संख्या में परिवर्तन

यूकाई (गुजरात) और इडुकी (केरल) बाँधों में पानी भरने के बाद भूकम्पनीयता बढ़ने के कुछ संकेत मिले हैं। परन्तु पठार के बीच स्थित बाँधों—जैसे मेटूर (तमिलनाडु), नागार्जुनसागर (आन्ध्र प्रदेश), पँथाओ (बिहार), पंचेट (बिहार), भाखड़ा (हिमाचल प्रदेश), रिहन्द (उत्तर प्रदेश) आदि में पानी भरने से भूकम्पनीयता में विशेष परिवर्तन नहीं आया। १९७२ की वर्षा ऋतु में मूला बांध (१९° २२′ उ०, ७४° ३७′ पू०) में पहली बार

पानी भरा गया। वहाँ पर अति सूक्ष्म परिमाण के भूकम्पों की संख्या में पानी की ऊँचाई के अनुसार परिवर्तन पाये गये परन्तु अभी तक बड़े भूकम्प नहीं आये हैं। १९७५ में पाँग (पाण्डो, हिमाचल प्रदेश) में भी पानी भरा गया परन्तु वहाँ के सूक्ष्म भूकम्पों की संख्या में पानी के बढ़ने व घटने के साथ कोई परिवर्तन नहीं पाया गया है। मंगला बाँध (पाकिस्तान) के विषय में पहले अनुमान था कि पानी के भार (उतार-चढ़ाव) व भूकम्पनीयता में सम्बन्ध है परन्तु बाद में स्पष्ट हुआ कि भूकम्पलेखियों का आवर्धन बढ़ाने के कारण सूक्ष्म भूकम्पों की संख्या बढ़ी। इसी प्रकार सेरे पान्सन बाँध जो फ्रांसीसी आल्प्स पर्वत के पास है, वहाँ भी भूकम्पनीयता पर कोई प्रभाव नहीं पड़ा। अतः यह स्पष्ट है कि हिमाचल प्रदेश के भाखड़ाबाँध और मंगला बाँध (पाकिस्तान) जैसे जलाशयों में बाँध-सम्बन्धी भूकम्पनीयता के स्पष्ट संकेत नहीं प्राप्त हुए हैं जबकि वे बड़े-बड़े भ्रंशों के पास स्थित हैं जहाँ तनाव एकत्रित होते ही रहते हैं।

कोयना भूकम्प

महाराष्ट्र में पूना से लगभग ११५ किलोमीटर दूर कोयना क्षेत्र में ११ दिसम्बर १९६७ को एक विध्वंसक भूकम्प आया। कोयना नदी में बाँध बनने से पहले वहाँ पर भूकम्प के झटके नहीं महसूस किये गये थे, परन्तु बाँध में पानी भरने के बाद ही वहाँ अक्सर भूकम्प आने लगे जिनकी संख्या दिन-प्रति-दिन बढ़ती गयी। शिवाजीसागर झील में सबसे अधिक पानी वर्षा ऋतु में था और सितम्बर १९६७ में वहाँ ५ परिमाण का भूकम्प आया। उसके बाद ११ दिसम्बर १९६७ को लगभग ६.५ परिमाण का भूकम्प आया जिससे १७७ व्यक्तियों की मृत्यु हुई। बाँध में भी कुछ दरारें पड़ गयीं। उसके पास के मकान अधिकतर या तो गिर पड़े या क्षतिग्रस्त हुए। यद्यपि इसके विध्वंसक प्रभाव आठ किलोमीटर लम्बाई में ही सीमित थे, परन्तु भूकम्प के झटके उत्तर में सूरत एवं उज्जैन तक, पूर्व में नागपुर एवं हैदराबाद तक एवं दक्षिण में बंगलोर तक महसूस किये गये। इसकी समकम्प रेखाएँ दूसरे अध्याय में (चित्र-२) दिखलायी जा चुकी हैं। बाद के कुछ भूकम्पों के परिमाण ५.५ से भी अधिक थे जिनकी संख्या दिन-प्रति-

दिन कम हो रही थी। परन्तु जब शिवाजीसागर झील में जुलाई-अगस्त १९७३ में दुबारा पर्याप्त पानी भरा गया, तो उसके कुछ समय बाद ही १७ अक्तूबर १९७३ को ५ परिमाण का भूकम्प आया जो दिसम्बर १९६७ की तरह के भूकम्प का पूर्वसूचक था। तब यह आशंका की जाने लगी कि कहीं विध्वंसक भूकम्प दुबारा तो नहीं आनेवाला है।

अप्रैल १९७२ तक लगभग २० से ३० भूकम्प प्रति सप्ताह रिकार्ड होते थे। मई १९७२ से अप्रैल १९७३ के बीच इनकी संख्या बढ़कर ७० तक पहुँच गयी, फिर जून से सितम्बर १९७३ तक इनकी संख्या बहुत ही कम हो गयी। इसके बाद ५ परिमाण वाले १७ अक्तूबर के भूकम्प के साथ-साथ बाद के भूकम्पों की संख्या बढ़कर १५० हो गयी जो बाद में दुबारा कम होने लगी। विध्वंसक भूकम्प की दुबारा सम्भावना होने की आशंका का समाधान करने के लिए संयुक्त राष्ट्रसंघ की वैज्ञानिक एवं सांस्कृतिक संगठन की ओर से डॉ० जे० बी० आवडेन, डॉ० आई ग्यूबिन एवं डॉ० ओकामोतो को भारत सरकार द्वारा दुबारा बुलाया गया, परन्तु उनमें से केवल डॉ० आवडेन ही भारत आ सके। विभिन्न भूकम्पीय संस्थानों द्वारा प्राप्त जिन वैज्ञानिक आँकड़ों का उन्होंने अध्ययन किया उससे यही निष्कर्ष निकला कि कोयला क्षेत्र में दुबारा विध्वंसक भूकम्प की सम्भावना निकट भविष्य में नहीं है।

अब प्रश्न उठता है कि १९६७ के कोयना भूकम्प का क्या कारण था और क्या वहाँ के भूकम्पों का सम्बन्ध झील में पानी बढ़ने से है? भारत मौसम विज्ञान के डॉ० ए० एन० टण्डन एवं श्री एच० एम० चौधरी ने १९६८ में ही यह बताया था कि कोयना क्षेत्र में उत्तरी-पूर्वी दिशा में भ्रंश है जो १९६७ के कोयना भूकम्प का मुख्य कारण बना था। बाद के भूकम्पों के विवरण से भी इसी तथ्य की पुष्टि हुई। इन पंक्तियों के लेखक के अनुसार कोयना क्षेत्र में ४·० या उससे अधिक परिमाण के भूकम्पों का झील में पानी भरने से कोई सम्बन्ध नहीं है। परन्तु सूक्ष्म भूकम्पों की संख्या में झील में पानी की मात्रा के अनुसार परिवर्तन हो सकते हैं, क्योंकि झील का पानी कुछ स्थानों से नीचे घुसकर भ्रंश की घर्षण प्रतिरोधकता कम कर देती है जिससे कम परिमाण के भूकम्प आते रहते हैं। यहाँ यह स्पष्ट

करना आवश्यक है कि डॉ० जे० बी० आवडेन ने कोयना क्षेत्र भूगर्भ की अवस्था का अध्ययन करके यह परिणाम निकाला कि वहाँ की ऊपरी परत की मोटाई (जो ज्वालामुखी के लावा जमने से बनी है) लगभग एक किलोमीटर है, इसलिए झील के पानी के भूकम्पों के नाभीय क्षेत्रों तक पहुँचने की सम्भावना नहीं है। उनके अनुसार पानी का रिसना एवं अधिक द्राव दाव यहाँ की भूकम्पनीयता का कारण नहीं है।

कोयना बाँध ऐसे क्षेत्र में है जहाँ १९६७ के विध्वंसकारी भूकम्प के पहले कोयना, महाबलेश्वर, सतारा, चिपलुन, गोवलकोट आदि में कई वेधशालाएँ कार्य कर रही थीं जिनसे वहाँ की भूकम्पनीयता का अध्ययन करने में बड़ी सहायता मिली। इनके अतिरिक्त भारत मौसम विभाग की वेधशालाएँ कड़द, गोवा, पूना व बम्बई में भी अन्वेषणात्मक कार्य में सहायता दे रही हैं।

महाराष्ट्र सरकार ने कोयना भूकम्पों के अध्ययन के लिए एक समिति बनायी है जिसमें भूकम्प-विशेषज्ञों के अतिरिक्त इंजीनियर आदि भी सम्मिलित हैं और वे वहाँ की भूकम्पनीयता का अध्ययन करते रहते हैं।

अन्तर्राष्ट्रीय सुझाव

बाँध-सम्बन्धी भूकम्पनीयता अब एक महत्त्वपूर्ण विषय बन गयी है। १९७३ में इंग्लैण्ड में विभिन्न देशों के वैज्ञानिकों का एक सम्मेलन आयोजित हुआ। उसके बाद सितम्बर १९७५ में दूसरा अन्तर्राष्ट्रीय सम्मेलन कनाडा में हुआ। यहाँ यह सुझाव रखा गया कि कहीं पर भी बाँध बनने के कम-से-कम दो वर्ष पहले ही भूकम्पलेखी लगा दिये जाने चाहिए जिससे बाँध में पानी भरने से पहले एवं बाद की भूकम्पनीयता की तुलना की जा सके। यह उन्हीं स्थानों पर आवश्यक है जहाँ बाँध की ऊँचाई १०० मीटर से अधिक हो। इससे कम ऊँचाई के स्थानों पर अभी विशेष अध्ययन की आवश्यकता नहीं है। प्रस्तावित बाँध के चारों ओर दस भूकम्पीय वेधशालाएँ स्थापित होनी चाहिए जिससे एक किलोमीटर तक उत्केन्द्र एवं पाँच किलोमीटर तक नाभिकीय गहराई सही-सही निकाली जा सके।

तालिका-९

जलाशय (बाँध) से सम्बन्धित भूकम्पनीयता

(अ) भूकम्पनीयता में विशेष परिवर्तन

देश	बाँध	ऊँचाई (मीटर)	पानी भरने का वर्ष	सबसे बड़ा भूकम्प	परिमाण तीव्रता
ग्रीस	मेराठों	६३	१९३०	१९३८	५·०
अमरीका	हूवर	२२१	१९३६	१९३९	५·०
रोडेशिया	करीबा	१२८	१९५९	१९६३	५·८
ग्रीस	क्रेमस्ता	१६५	१९६५	१९६६	६·३
भारत	कोयना	१०३	१९६४	१९६७	६·५
चीन	हेसिन फेन्कियांग	१०५	१९५९	१९६१	६·१
अमरीका	ओरोविल	२००	१९६७	१९७५	५·७

(ब) भूकम्पनीयता में साधारण परिवर्तन

देश	बाँध	ऊँचाई (मीटर)	पानी भरने का वर्ष	सबसे बड़ा भूकम्प	परिमाण तीव्रता
न्यूजीलैण्ड	वेन्मोर	११८	१९६५	१९६६	५·०
फ्रांस	मोंतयार्ड	१५५	१९६२	१९६३	४·९
जापान	क्यूरोबे	१८६	१९६०	१९६१	४·९
यूगोस्लेविया	वजीनाग्रस्ता	८९	१९६२	१९६१	४ ५-५·०
रूस	न्यूरेक	३१७	१९७२	१९७२	४·५
पाकिस्तान	मंगला	११६	१९६७	१९७०	४·२
आस्ट्रेलिया	तालिबगों	१६२	१९७१	१९७२	३·५
टर्की	केबन	२०७	१९७३	१९७४	३·५
इटली	वेजोंत	२६१	१९६३	—	—
फ्रांस	ग्रेन्दुवाल	८८	१९५९	—	V
स्पेन	केनालिस	१५०	१९६०	१९६२	V

११

भूकम्प एवं नाभिकीय (न्यूक्लाई) विस्फोटन

नाभिकीय विस्फोटन : स्थल एवं यन्त्र

पृथ्वी और चन्द्रमा की आन्तरिक बनावट का अध्ययन करने में भूकम्पों व चन्द्र-कम्पों का मुख्य स्थान रहा है। कुछ वर्ष पहले तक भूकम्प-विज्ञान के उन्नति-क्रम में भूकम्पों के अतिरिक्त रासायनिक विस्फोटनों के योगदान से अनुभव किया गया कि पृथ्वी की गहरी परतों का अध्ययन करने के लिए काफी बड़ी ऊर्जावाले विस्फोटनों की आवश्यकता है जो केवल नाभिकीय विस्फोटनों द्वारा ही सम्भव हो सकता है !

नाभिकीय विस्फोटन १९५४ से रूस एवं अमरीका द्वारा निरन्तर किये जा रहे हैं। १९६०-६२ में वायुमण्डल में सबसे अधिक नाभिकीय विस्फोटन किये गये। १९६३ में विस्फोटन रोकने की सन्धि के बाद ही पृथ्वी के अन्दर किये गये नाभिकीय विस्फोटनों की संख्या बढ़ने लगी। इसके साथ-साथ इनके प्रयोग से पृथ्वी के आन्तरिक भागों के ज्ञान के मामले में भी सहायता मिली। साथ ही उन युक्तियों पर भी अनुसन्धान किये गये जिनसे नाभिकीय विस्फोटनों का पता लगाने में भूकम्प-विज्ञान

को सहायता मिली।

नाभिकीय विस्फोटन मुख्यतः नोया ज़ेमलया, सेमी पैलाटिस्क, कैस्पियन यूरल (रूस), अमरीका में नवाडा, एलूशियन द्वीप समूह (अमरीका), प्रशान्त महासागर (फ्रांस), सहारा (अफ्रीका) और सिक्यांग चीन) में किये गये हैं। इनके अलावा १९७४ में १८ मई को राजस्थान के पोखरन क्षेत्र में भारत का पहला नाभिकीय विस्फोटन हुआ (चित्र-१३)। नाभिकीय विस्फोटन वायुमण्डल में, समुद्र के अन्दर और पृथ्वी के अन्दर किये जाते हैं परन्तु भूकम्प-विज्ञान की दृष्टि से पृथ्वी के अन्दरवाले विस्फोटन ही सबसे अधिक उपयोगी होते हैं।

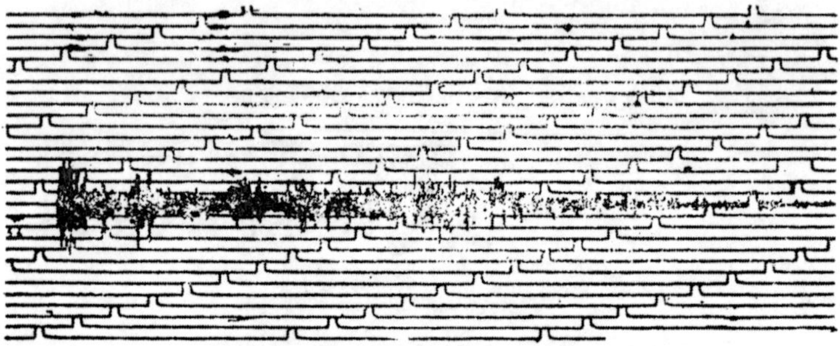

चित्र-१३

भारत का प्रथम न्यूक्लाई विस्फोटन
(१८ मई १९७४ दिल्ली वेधशाला)

पृथ्वी के अन्दर विस्फोटन होते ही भूकम्प की भाँति विभिन्न प्रकार की तरंगें विकसित होती हैं। जैसा कि हम पहले पढ़ चुके हैं, जो तरंगें वेधशाला तक सबसे पहले पहुँचती हैं उनको प्राथमिक अथवा 'पी' तरंगें कहते हैं। उसके बाद ही द्वितीय अथवा तिर्यक तरंगें आती हैं और सबसे बाद में पृष्ठीय तरंगें। भूकम्पलेखी में तिर्यक तरंगें कम उत्पन्न होती दिखायी पड़ती हैं, विशेषकर तब जबकि वेधशाला विस्फोटन के स्थान से, लगभग १००० किलोमीटर दूर हो। इसी प्रकार पृष्ठीय तरंगों के आयाम भी कुछ कम होते हैं, यदि भूकम्प एवं विस्फोटन दोनों ही एक ऊर्जा के हों।

नाभिकीय विस्फोटनों का अध्ययन करने के लिए उसी प्रकार के विद्युत चुम्बकीय भूकम्पलेखी प्रयोग किये जाते हैं जिस प्रकार भूकम्पों के लिए। परन्तु छोटी-से-छोटी शक्ति के विस्फोटनों का पता लगाने के लिए अधिक संवेदनशील यन्त्रों की आवश्यकता होती है। इसके लिए कई भूकम्प-लेखी बराबर दूरी पर अंग्रेजी के L या X के आकार में रख देते हैं जिनको एरे स्टेशन कहते हैं। भारत में इस प्रकार का एरे स्टेशन भाभा अनुसन्धान केन्द्र बंगलोर द्वारा संचालित गौरीबिदनौर में कई वर्षों से कार्य कर रहा है। इसी प्रकार के कई एरे स्टेशन यूरोप, आस्ट्रेलिया, कनाडा, अमरीका व ब्राजील में भी हैं, जिनका उपयोग भूकम्प-सम्बन्धी अनुसन्धानों में भी किया जा रहा है। आजकल कुछ विभिन्न यन्त्रों का भी प्रयोग किया जा रहा है जिनमें भूकम्पलेखी कम आवर्त-काल (लगभग एक सेकेण्ड) के होते हैं। ये भूकम्पलेखी लगभग १०० से ३०० मीटर तक की गहराई में खोदकर पृथ्वी के अन्दर रखे जाते हैं। एलक्ट्रानिक प्रवर्धकों द्वारा यन्त्र का आवर्त बढ़ाकर लगभग १०० सेकेण्ड कर दिया जाता है जिससे छोटे-से-छोटे भूकम्पों या विस्फोटनों की पृष्ठीय तरंगों का अध्ययन हो सके। मई १९७८ ई० में इस प्रकार के यन्त्र भारत की शिलांग वेधशाला में अमेरिका द्वारा लगाये गये हैं जिनका भूकम्प-विज्ञान के अन्वेषणात्मक कार्यों में महत्त्वपूर्ण योगदान होगा। इनके द्वारा मैग्नेटिक टेप पर भूकम्प आदि के डिजिटल रिकार्ड भी लिये जाते हैं जिससे वे संगणकों (कम्प्यूटरों) में आसानी से प्रयुक्त किये जा सकें।

हम जानते हैं कि भूकम्प के उत्केन्द्र आदि निकालने के लिए कई वेध-शालाओं की आवश्यकता होती है। इसके लिए 'पी' व 'एस' तरंगों के वेधशाला में पहुँचने के समय को मापकर हम विश्व की विभिन्न वेध-शालाओं की सहायता से उत्केन्द्र निकाल सकते हैं। इस प्रकार अमरीका के भूसर्वेक्षण विभाग ने भारत के नाभिकीय विस्फोटन के विषय में निम्न सूचना प्रकाशित की थी :

उत्केन्द्र : अक्षांश 27-1°उ०, देशान्तर 71.7°पू०, परिमाण : ५

उद्गम समय : ०२ घण्टे ३५ मिनट (जी० एम० टी०) अर्थात् लगभग आठ बजे सुबह (भारतीय मानक समय)।

यद्यपि रूस के नाभिकीय विस्फोटनों की सूचना प्रकाशित नहीं की जाती है, परन्तु भूकम्पलेखियों की सहायता से उनके भी उत्केन्द्र आदि निकाल लिये जाते हैं। भूकम्प-विज्ञान की दृष्टि से वे विस्फोटन सबसे उपयोगी होते हैं, जिनके स्थान व समय सही-सही बतला दिये जाते हैं। विस्फोटन पृथ्वी की सतह के पास ही किये जाते हैं, अतः वे अनुसन्धान में भूकम्पों की अपेक्षा अधिक लाभदायक होते हैं, क्योंकि भूकम्पों की नाभिकीय गहराई का सही अनुमान कर पाना अभी तक मुश्किल है।

नाभिकीय विस्फोटनों के भूकम्प-विज्ञान में उपयोग

नाभिकीय विस्फोटनों द्वारा पृथ्वी के अन्दर तरंगों के वेग, विभिन्न परतें, पृष्ठ, प्रावरण एव कोड की बनावट का पता लग जाता है। अधिकतर विस्फोटनों के सही समय एवं स्थान मालूम होते हैं, अतः 'पी' व 'एस' तरंगों के वेग का अनुमान भूकम्पों की अपेक्षा कहीं अधिक सही होता है। इसका लाभ यह है कि आगे चलकर होनेवाले भूकम्पों के उत्केन्द्र व उद्गम स्थान और भी अधिक सही निकल पाते हैं क्योंकि इनकी गणना के लिए भूकम्पीय तरंगों के वेगों की आवश्यकता होती है।

नाभिकीय विस्फोटनों का प्रयोग भूकम्प के पूर्वानुमान में भी होता है। विभिन्न देशों में यह मालूम किया गया है कि कुछ स्थानों पर भूकम्प आने से पहले मुख्यतः 'पी' तरंगों के वेग कुछ घटने लगते हैं जो भूकम्प आने तक अपनी पूर्व अवस्था में वापस आ जाते हैं। इस प्रकार के परिणाम रूस, अमरीका, जापान, चीन व भारत में पाये गये हैं। अतः किसी स्थान पर नाभिकीय विस्फोटन प्रति मास किये जायें और प्रमुख भ्रंशों के निकट कुछ निश्चित स्थान चुनकर उनके पास भूकम्पलेखी द्वारा 'पी' तरंगों के वेगों का अध्ययन किया जाये तो भूकम्प आने के संकेत प्राप्त हो सकते हैं। इसके विषय में विस्तारपूर्वक अगले अध्याय में बताया जायेगा।

नाभिकीय विस्फोटनों के उत्पाद

नाभिकीय विस्फोटनों के उत्पाद को किलोटन अर्थात् (एक हज़ार टन) अथवा मेगाटन ($१०^६$ टन) में बताया जाता है। इसका मतलब यह है

कि एक किलोटन के विस्फोटन में ४ × १०¹¹ अर्ग ऊर्जा है। परन्तु समस्या यह उत्पन्न होती है कि एक नाभिकीय विस्फोटन से भूकम्पीय ऊर्जा कितनी प्राप्त हुई क्योंकि साथ-साथ ताप व रेडियो सक्रियता (एक्टिविटी) आदि में भी ऊर्जा बँट जाती है। इसको जानने के लिए उस गुणांक का अनुमान निकालना चाहिए जिसके अनुसार नाभिकीय ऊर्जा, भूकम्पीय ऊर्जा में बदलती है। इसका मान इस बात पर निर्भर करता है कि विस्फोटन कितनी गहराई में अथवा वायुमण्डल में अथवा पानी के अन्दर किया गया। तालिका-१० में इसको स्पष्ट किया गया है तथा बीस किलोटन नाभिकीय विस्फोटन के लिए गुणांक का मान दिया गया है।

नाभिकीय विस्फोटन जितना ही पृथ्वी की गहराई में होता है उतनी ही अधिक भूकम्पीय ऊर्जा प्राप्त होती है। इसके अतिरिक्त कई प्रकार की चट्टानों में (जैसे : ग्रेनाइट) विस्फोटन की ऊर्जा भली-भाँति परिवर्तित हो जाती है। वायुमण्डलीय विस्फोटनों में भूकम्पीय ऊर्जा बहुत ही कम होती है। ३० अक्टूबर १९६१ को रूस के नोयाज़ेमलया में किये गये वायुमण्डलीय विस्फोटन की कुल ऊर्जा ५८ मेगाटन थी। यदि यह सारी ऊर्जा भूकम्पीय ऊर्जा में परिवर्तित हो जाती तो वह लगभग ८.५ परिमाण वाले एक भूकम्प के बराबर होती। परन्तु भूकम्पलेखियों द्वारा इससे केवल ५.४ परिमाण के भूकम्प के बराबर ही ऊर्जा आँकी गयी जो कुल ऊर्जा का मात्र ४×१०^{-5} भाग ही है। बाकी ऊर्जा ताप, वायुमण्डलीय दाब तरंग व रेडियो सक्रियता में बदल गयी। इसके विपरीत अमरीका द्वारा पृथ्वी के अन्दर सबसे बड़ा विस्फोटन एल्यूशियन द्वीप में ६ नवम्बर १९७१ को किया गया जो ५ मेगाटन शक्ति का था। इसका परिमाण भूकम्पलेखियों द्वारा ६.७ निकला और इस प्रकार उसमें कहीं अधिक ऊर्जा प्राप्त हुई।

यदि उत्पाद P हो और 'पी' तरंगों से परिमाण का मान m हो, तो

$$\text{लघु}_{10}P = 0.921\ m - 0.82 \qquad \cdots(11)$$

इसी प्रकार यदि गुणांक T यह बतलाये कि कुल ऊर्जा का कितना भाग भूकम्पीय ऊर्जा में बदल गया, तो

$$m = 5.4 + 0.4\ \text{लघु}\ PT \qquad \cdots(12)$$

अमरीका के अनुसार पृथ्वी के अन्दर एक किलोटन के बराबर छोटी शक्ति वाले विस्फोटनों का ६००० किलोमीटर से भी दूर तक भूकम्प-लेखियों द्वारा पता लगाया जा सकता है। इसी प्रकार यदि पृष्ठीय तरंग द्वारा परिमाण M हो, तो

$$M = 2.0 + \text{लघु } P \quad \cdots (13)$$

इस परिमाण को ऊर्जा E में बदलने के लिए निम्न समीकरण का प्रयोग किया जाता है :

$$\text{लघु } E = 11.8 + 1.5\ M \quad \cdots (14)$$

भूकम्प-विज्ञान से सम्बन्धित परिणाम

समुद्र के अन्दरवाले बिकनी (२४ जुलाई १९४६) नाभिकीय विस्फोटन द्वारा आठ अमरीकी स्टेशनों के रिकार्डों का अध्ययन करने पर यह स्पष्ट हुआ कि जेफ्री-बुलेन गमन-समय तालिका में 'पी' तरंगों के वेगों में परिवर्तन आवश्यक है। जब नाभिकीय गहराई को पृथ्वी की सतह पर लिया तो — 1.8 सेकेण्ड का अन्तर पाया गया। इसी प्रकार मार्शल द्वीपों के अमरीकी परीक्षणों में भी जेफ्री-बुलेन से 'पी' तरंगों के लिए — 1.8 + 0·6 सेकेण्ड व 'एस' तरंगों के लिए —४ से —५ सेकेण्ड का अन्तर प्राप्त हुआ। यह भी पता लगा कि प्रशान्त विस्फोटन क्षेत्र और महाद्वीपों की बनावट में अन्तर है। विस्फोटन क्षेत्र के नीचे तरंगों के वेग महाद्वीपों की अपेक्षा अधिक हैं। यदि विस्फोटन महाद्वीप पर होते हैं, तो वहाँ भी इसी प्रकार के परिणाम निकलते हैं। इससे यह स्पष्ट होता है कि जेफ्री-बुलेन गमन समय तालिका में कुछ संशोधन आवश्यक हैं। इनमें 'पी' तरंगों के वेग ३३ किलोमीटर की गहराई में ७.८ किलोमीटर प्रति-सेकेण्ड थे। बाद में अनुसन्धानों द्वारा यह स्पष्ट हुआ कि 'पी' तरंगों के वेग ८.० से ८·४ किलोमीटर प्रति सेकेण्ड महाद्वीपों में पाये जाते हैं।

नाभिकीय विस्फोटन की एक विशेष देन भूकम्प-विज्ञान में यह है कि ये उन स्थानों पर किये जा सकते हैं जहाँ भूकम्प कम होते हैं। ऐसे स्थानों पर भी भूकम्पीय तरंगों के सही वेग निकाले जा सकते हैं। इसी प्रकार प्रशान्त महासागर में सबसे अधिक भूकम्प समुद्र तटों के पास होते हैं, और

यह अनुमान है कि वहाँ पर विभिन्न दिशाओं में पृथ्वी की बनावट भी विभिन्न है। एक ओर समुद्री बनावट है और दूसरी ओर महाद्वीप अथवा थलीय बनावट। इसके अध्ययन के लिए २६ अक्टूबर १६६५ को एल्युशियन के आमचटका द्वीप में ८० किलोटन का नाभिकीय विस्फोटन ६६० मीटर की गहराई में किया गया। इससे 'पी' तरंगों के अतिरिक्त पृथ्वी के कोड से परावर्तित होने वाली तरंगें भी रिकार्ड की गयीं। उसके बाद २ अक्टूबर १६६६ को आमचटका में एक मेगाटन (१०⁶ टन) का नाभिकीय विस्फोटन किया गया। फिर ५ मेगाटन का सबसे बड़ा विस्फोट ६ नवम्बर १६७१ को किया गया, जिसके द्वारा उत्पन्न 'पी' तरंगों का अध्ययन लेखक एवं श्री एच० एम० चौधरी ने किया। इन विस्फोटनों के समय व स्थान पहले ही बतला दिये गये थे, जिसके फलस्वरूप भूकम्प-विशेषज्ञों ने कई अस्थायी वेधशालाएँ भी खोल रखी थीं।

नेवाडा (अमरीका) में विस्फोटन करने पर बहुत ही मनोरंजक परिणाम प्राप्त हुए। १० दिसम्बर १६६१ के न्यूमैक्सिको के नोम विस्फोटन (३-५ किलोटन) से पता चला कि राकी पहाड़ों से गुजरने वाली 'पी' तरंगों के आयाम बहुत ही कम होते जाते थे। यहाँ तक कि कैलिफोर्निया में बहुत ही हल्के व अस्पष्ट रिकार्ड प्राप्त हुए। इसके विपरीत पूर्व व उत्तर-पूर्व में आयाम बहुत ही अधिक थे। स्केण्डिनेवियन स्टेशनों तक रिकार्ड बहुत ही स्पष्ट थे। विभिन्न दिशाओं में तरंगों के गमन-समय विभिन्न पाये गये। पश्चिम की ओर 'पी' तरंगों के वेग लगभग ७.८ किलोमीटर प्रति सेकेण्ड व पूर्वी अमरीका में ८.४ किलोमीटर प्रति सेकेण्ड वेग प्राप्त हुए।

अनुमान है कि २० किलोटन या उससे अधिक विस्फोटन द्वारा पृथ्वी के ऊपरी प्रावरण का भली भाँति अध्ययन हो सकता है। परन्तु गहरे समुद्र की खाई में १० मेगाटन के नाभिकीय विस्फोटन द्वारा उत्पन्न 'पी' तरंगें सबसे शक्तिशाली भूकम्प के समान हो सकती हैं।

विस्फोटनों के बाद के भूकम्प

१६६८ से अमरीका के नेवाडा क्षेत्र में अक्सर ही पृथ्वी के भीतर

भूकम्प होते रहते हैं। इस क्षेत्र की अपनी भूकम्पनीयता भी है जिसे हम तीसरे अध्याय में देख चुके हैं। विस्फोटनों के इन परीक्षणों से वहाँ पर तमाम बाद के झटके आये जिनका क्रम उसी प्रकार था जिस प्रकार बड़े भूकम्प के बाद झटके आने शुरू हो जाते हैं। इस प्रकार अब तक कई हजार छोटे-छोटे भूकम्प वहाँ आ चुके हैं, परन्तु उनका परिमाण सबसे बड़े विस्फोटन से लगभग एक इकाई कम होता है।

१६ दिसम्बर १९६८ के नेवाडा क्षेत्र के नाभिकीय विस्फोटन के बाद के १०००० झटके रिकार्ड किये गये। इनके बाद के सबसे बड़े झटके का परिमाण विस्फोटन से १.३ कम था। इसका मतलब यह हुआ कि बाद के सबसे बड़े भूकम्प में विस्फोटन की अपेक्षा केवल एक प्रतिशत ही ऊर्जा निकलती है। अतः इनसे विशेष हानि नहीं होती है।

अक्टूबर १९६९ के आमचटका के विस्फोटन में बहुत ही कम बाद के झटके आये, यद्यपि यह एक मुख्य भूकम्पीय क्षेत्र है। यहाँ न तो बड़े भूकम्प उत्पन्न हुए और न ही स्यूनामी। संक्षेप में यह कहा जा सकता है कि ५.५ परिमाण में बड़े विस्फोटन से भूकम्पनीयता पर प्रभाव पड़ता है, क्योंकि यदि किसी भ्रंश के पास इतना तनाव एकत्रित हो जाय कि भूकम्प आने ही वाला हो, तब उस विस्फोटन के प्रभाव से वही भूकम्प अपने समय से पहले ही आ सकता है। इसके अतिरिक्त विस्फोटन के बाद छोटे-छोटे झटके भी आ सकते हैं! परन्तु अभी तक कोई निश्चित प्रमाण नहीं मिला है कि विस्फोटनों से दूर अथवा निकट की भूकम्पनीयता पर प्रभाव पड़ सकता है। विस्फोटनों से जो ऊर्जा भूकम्पों में बदलती है, उनसे उत्पन्न क्रम का नमूना नदी पर बनाये गये बाँधों से अलग होता है। इनके विषय में अगले अध्याय में बतलाया जायेगा। विस्फोटनों से ऊर्जा दो प्रकार से निकल सकती है : या तो चट्टानें चिटककर एक दूसरे की अपेक्षा दूर खिसक जायें अथवा अत्यधिक क्षणिक दाब बढ़ने से दूसरी जगह पर ऊर्जा भूकम्प के रूप में निकल जाये। २६ नवम्बर १९६८ के नेवाडा विस्फोटन से कड़ी चट्टान में दो फुट ऊर्ध्वाधर दिशा में विस्थापन हुआ और क्षैतिज दिशा में एक फुट चौड़ा तीन मील लम्बा विस्थापन हुआ।

नाभिकीय विस्फोटनों का ज्ञान

पृथ्वी के अन्दर नाभिकीय विस्फोटनों का पता लगाने के निरन्तर प्रयत्न चल रहे हैं। १९७२ में अमरीका के मैसेच्युएट इन्स्टीच्यूट आफ टेक्नोलाजी में अन्तर जानने के लिए कुछ नियम प्रकाशित किये गये। उनमें से मुख्यतः अन्तर इस प्रकार हैं :

१. विस्फोटनों से 'पी' तरंगें सभी वेधशालाओं पर सम्पीडन ही दिखलाती हैं अर्थात् ऊर्ध्वाधर भूकम्पलेखियों में 'पी' तरंगों की शुरुआत ऊपर की ओर होती है जैसा कि चित्र-१३ में दिखलाया गया है। परन्तु भूकम्पों में 'पी' तरंगें कुछ वेधशालाओं पर सम्पीडन और कुछ पर विरलन बतलाती हैं।

२. विस्फोटन के स्थल से १००० से १५०० किलोमीटर दूर की वेधशालाओं में 'पी' तरंगों के आयाम 'एस' तरंगों से साधारणतया अधिक होते हैं, परन्तु इससे कम दूरी में भूकम्पों व विस्फोटनों में कम अन्तर रहता है। दूर के विस्फोटन को भूकम्पलेखी के रिकार्ड में देखने से पता लगता है कि इसमें तरंगें कितनी स्पष्ट होती हैं जब कि भूकम्प से यह जटिल हो जाती हैं।

३. हम पढ़ चुके हैं कि भूकम्पलेखियों द्वारा पृष्ठीय तरंगों व पिण्ड तरंगों से परिमाण की गणना की जा सकती है। विस्फोटनों के 'पी' तरंगों में ऊर्जा पृष्ठीय तरंगों की अपेक्षा अधिक होती है। अतः 'पी' तरंगों द्वारा निकाले गये परिमाण का मान पृष्ठीय तरंगों की अपेक्षा अधिक होता है।

४. आजकल एलेक्ट्रानिक संगणक व विशेष यन्त्रों से 'पी' तरंगों की आवृत्ति-विश्लेषण करके भी भूकम्पों व विस्फोटनों में अन्तर का पता लगाया जाता है। भूकम्पों की अपेक्षा विस्फोटनों में 'पी' तरंगों की आवृत्ति अधिक होती है।

इस विषय में अनुसन्धान अभी भी हो रहे हैं जिससे किसी भी देश द्वारा किये गये छोटे-से-छोटे विस्फोटन का पता चल सके। चित्र-१३ में

भारत का प्रथम नाभिकीय विस्फोटन दिखलाया गया है जिसकी तुलना भूकम्प के रिकार्ड से करने पर यह स्पष्ट हो जाता है कि यह उसकी अपेक्षा कम जटिल है।

तालिका-१०

स्थिति	गुणांक
१० किलोमीटर पृथ्वी के ऊपर	१×१०^{-५}
पृथ्वी की सतह पर	१×१०^{-४}
३०० मीटर पृथ्वी के अन्दर	१×१०^{-३}
३० मीटर पानी के अन्दर	५×१०^{-३}
१०० मीटर पानी के अन्दर	२×१०^{-२}

१२

भूकम्प-पूर्वानुमान

जानवरों पर प्रभाव

विध्वंसक भूकम्पों की विनाशलीला से त्रस्त-ग्रस्त मानव हमेशा से इसको दैवी प्रकोप समझकर हताश और निरुपाय की भाँति इसे भोगता रहा है। लेकिन आज जब विज्ञान ने प्रकृति के अनेक रहस्यों का उद्‌घाटन कर दिया है, तब बौद्धिक मानव समाज एवं सचेत शासक, दोनों ही के मन में यह जिज्ञासा जाग उठी है कि क्या ऐसा सम्भव नहीं कि भूकम्पों का पूर्वानुमान हो सके। आजकल यह विषय भूगर्भशास्त्रियों के लिए एक चुनौती है और इसके सम्बन्ध में अनेक अनुसन्धान मुख्यतः विकसित देशों में किये जा रहे हैं।

भूकम्प-पूर्वानुमान-सम्बन्धी रोचक विवरण जापानी भूकम्पों से अधिकतर प्राप्त होते हैं। जापान में ऐसा देखा गया है कि भूकम्प आने से पहले मेंढक व साँप आदि अपने बिलों से बाहर आ जाते हैं। वहाँ ११ नवम्बर १८५५ ई० के ईदो भूकम्प के समय कई साँप बाहर आ गये थे जब कि कड़ी ठण्ड में वे शायद ही कभी घूमते दिखलायी पड़ते थे। इसी भूकम्प के दस दिन पहले मुर्गियाँ व मुर्गे इतने बेचैन थे कि वे अपने दरबों में नहीं घुसते थे। यही हाल १८९६ ई० के रिक्यू भूकम्प आने से एक घण्टा पहले

हुआ। १६२३ के क्वाँतो भूकम्प के कई दिन पहले से सगामी की खाड़ी से मछलियाँ गायब हो गयीं। चीन के त्येनसिन क्षेत्र में १८ जुलाई १६६६ के भूकम्प से कुछ घण्टे पहले चिड़ियाघर में भगदड़ मच गयी। मुर्गियों के बच्चे अपने दरबे में नहीं गये और भेड़ें व घोड़े लगातार दौड़ने लगे। इसी प्रकार ४ फरवरी १६७३ के चीन के भूकम्प से पहले भी जानवरों में घबराहट फैल गयी थी। ये सारे विवरण भी भूकम्प-पूर्वानुमान में सहायक सिद्ध हुए। १८३५ के चिली भूकम्प से पहले सारे कुत्ते शहर छोड़कर भाग गये थे। इसी प्रकार १६७२ के निकारगुआ भूकम्प से कुछ घण्टे पहले ही बन्दरों ने अजीब तमाशा दिखलाया था।

जानवरों के अतिरिक्त कुओं में पानी की सतह एवं उसके रंग में परिवर्तन तथा विशेष प्रकाश की किरणें भी भूकम्पों से पूर्व देखी गयी हैं। १७५१ के तकाता भूकम्प आने से पहले कुओं का पानी मटमैला हो गया। इसी प्रकार १८५५ के ईदो भूकम्प की सुबह से ही कुओं का पानी मटमैला हो गया और उसका स्वाद भी नमकीन हो गया। १६६५-१६६७ के मत्स्यूशिरो भूकम्पों से पहले रहस्यमय रोशनी दिखलायी पड़ी जिससे दिन की तरह उजाला हो गया। १८६१ ई० के नोबी भूकम्प की पिछली रात्रि में एक गाँव से उस भूकम्प के उद्गम स्थान पर भी रोशनी दिखलायी पड़ी। अभी हाल में चीन में भी कई भूकम्पों के आने से पहले कुछ चमकती रोशनी दिखायी पड़ी थी। दिसम्बर १६७४ में पटान (पाकिस्तान) में जब भूकम्प आया था, उस समय इसी प्रकार की रोशनी कुछ विश्वसनीय डाक्टरों और वन अधिकारियों ने देखी थी।

वैज्ञानिक दृष्टि से इन प्रेक्षणों के कई कारण हो सकते हैं। भूकम्पों से पूर्व भ्रंशों के पास की चट्टानों के घर्षण के कारण विद्युत् उत्पन्न होने से प्रकाश की किरणें दिखलायी पड़ सकती हैं। इसी प्रकार कुछ स्थानों की चट्टानों से रेडान गैस निकलने से जानवरों में घबराहट उत्पन्न हो सकती है अथवा उनके संवेदनात्मक शरीरांग सूक्ष्म से सूक्ष्म पृथ्वी की हलचलों से प्रभावित हो जाते हों। पृथ्वी के अन्दर हलचल होने से कुओं में पानी की सतह और उसके रंग में परिवर्तन होना भूकम्प के पूर्वानुमान में स्पष्ट संकेत माना जाता है।

भ्रंश एवं प्लेट विवर्तनी

भूकम्प पूर्वानुमान में सबसे आवश्यक बात यह है कि भूगर्भशास्त्री सभी क्षेत्रों में भ्रंशों की सूचना दे सकें। आजकल इस विषय में उपग्रहों से भी बड़ी सहायता प्राप्त होती है। इनका प्रमुख उपयोग उन स्थानों पर है जहाँ पर मनुष्यों का पहुँचना भी दुर्लभ है, जैसे बर्फ से ढँके हिमालय के क्षेत्र।

जैसा कि हम पढ़ चुके हैं, प्लेट विवर्तन सिद्धान्त के अनुसार भूकम्प के स्थान एवं शक्ति का साधारणतया अनुमान लगाया जा सकता है। उदाहरण के लिए जिन स्थानों पर दो प्लेटें आपस में टकराकर एक-दूसरे के अन्दर प्रवेश करती हैं, वहाँ ८·० परिमाण या उससे भी शक्तिशाली भूकम्प हो सकते हैं। हम जानते हैं कि ये प्लेटें पृथ्वी की सतह पर एक-दूसरे की ओर निश्चित गति से चल रही हैं। यदि हमको इस बात का संकेत मिल जाये कि उनकी गति में कुछ परिवर्तन अथवा रुकावट आ रही है तो भूकम्प होने के समय का संकेत प्राप्त हो सकता है। प्लेटों की गति अथवा महाद्वीपीय विस्थापन के विषय में चन्द्रमा की सतह पर एक परा-वर्तक रखकर लेसर किरणों द्वारा भूकम्प-पूर्वानुमान की दिशा मे नये संकेत प्राप्त होने की आशा है।

ज्वारमापी यन्त्र

जापान के १९२३ के क्वाँतो भूकम्प से कई वर्ष पहले से ही पता लगा कि मियुरा तट के किनारे से समुद्र के पानी की सतह नीची हो गयी थी। इसके बाद ही ज्वारमापी यन्त्रों का भूकम्प-पूर्वानुमान में प्रयोग किया जाने लगा।

समुद्र में पानी की सतह की ऊँचाई निम्न बातों पर निर्भर करती है :

१. वायुमण्डलीय दाब।
२. पानी का तापक्रम।
३. वायु।
४. समुद्री धाराएँ।

ज्वारमापी का सिद्धान्त यह है कि एक बोया समुद्री जल की ऊपरी सतह पर तैरता रहता है जिसकी ऊर्ध्वाधर गति रिकार्ड होती रहती है। सूक्ष्म आवर्त की तरंगों का प्रभाव कम करने के लिए समुद्र के पानी को एक कुएँ में ले जाते हैं। ज्वारमापी के विभिन्न प्रकार के माडेल में समुद्री तल पर पानी के दाब में परिवर्तन को मापा जाता है। जैसा कि ऊपर बतलाया गया है, कभी-कभी इस यन्त्र द्वारा लिये गये प्रेक्षणों में कठिनाई उत्पन्न हो जाती है विशेषकर उस समय जब समुद्र की सतह समुद्री धाराओं या ऋतु प्रभावों से कम होकर एकाएक नीचे हो जाती है।

नतिमापी

इस यन्त्र द्वारा पृथ्वी की सतह की सूक्ष्म-से-सूक्ष्म नति (झुकाव) का माप किया जाता है। क्षैतिज लोलक में उसका भार लगभग क्षैतिज तल पर ही हिलता-डुलता है। यदि इस प्रकार के लोलक की स्थिति जरा भी झुकती है, तो लोलक का भार उसकी अपेक्षा कहीं अधिक कोण बनाते हुए घूमता है। अतः पृथ्वी के झुकने अथवा भूकम्पीय तरंगों द्वारा उत्पन्न विस्थापन को मापने के लिए बड़े आवर्त काल के लोलक का प्रयोग किया जाता है। कई वर्ष पहले मिल्ने-शा नामक भूकम्पलेखी को जिसका आवर्त-काल १५-२० सेकेण्ड रहता था, कई स्थानों पर प्रयोग किया गया परन्तु विभिन्न प्रभावों के कारण अधिक सुग्राही यन्त्रों की आवश्यकता हुई।

यदि एक नल के द्वारा दो जलाशयों के बीच में द्रव अथवा पानी बहने का प्रबन्ध कर दिया जाये और दोनों सिरों पर पानी की सतह सूक्ष्मदर्शी द्वारा मापी जाये, तो पृथ्वी के सतह में परिवर्तन होने का संकेत मिल सकता है। इस प्रकार के यन्त्र $१०_{-८}$ रेडियन तक की नति का माप कर सकते हैं। पृथ्वी के शोर के कारण ही इस यन्त्र में भी कुछ कठिनाई होती है जिसको कम करने के लिए या तो उसे लम्बी-लम्बी गुफाओं में रखते हैं या पृथ्वी के अन्दर सुरंगें बनायी जाती हैं। पृथ्वी की सतह में परिवर्तन होते ही, दोनों जलाशयों में पानी की ऊँचाई में परिवर्तन हो जाता है।

जापान में मत्स्यूशिरो क्षेत्र में बड़े भूकम्पों के आने से पहले पृथ्वी की सतह पर नति में परिवर्तन पाये गये थे।

विकृतिमापी यन्त्र एवं क्वासार

पृष्ठीय विरूपण के कारण पृथ्वी या तो ऊपर की ओर उठती है या भ्रंश के दोनों ओर की चट्टानें खिसकने से उनके बीच की दूरी में परिवर्तन होने लगते हैं। जापान में पृष्ठीय विरूपण कुछ भूकम्पों में पाया गया था; जैसे :

१. अजिग्सावा भूकम्प (१७९३) आने से चार घण्टे पहले पृथ्वी एक मीटर ऊपर उठ गयी।

२. सादो भूकम्प (१८०२) आने से चार घण्टे पूर्व पृथ्वी एक मीटर ऊँची हो गयी।

३. हमादा भूकम्प (१८७२) आने से आधा घण्टा पूर्व पृथ्वी दो मीटर ऊपर उठ गयी।

४. तांगो भूकम्प (१९२७) से डेढ़ घण्टा पहले पृथ्वी डेढ़ मीटर ऊँची उठ गयी।

पृष्ठीय विरूपण के संकेत त्रिकोणीय सर्वेक्षण करने से अथवा जियोडीमीटर नामक यन्त्रों से प्राप्त होते हैं। जापान में निम्न भूकम्पों के समय त्रिकोणीकरण द्वारा पृष्ठीय विरूपण का पता लग पाया था :

१. सेकिहेरा भूकम्प (१९२७); ३७·५° उ०, १३८·८° पू०

२. फ्यूतात्स्वी भूकम्प (१९५५), ४०·२° उ०, १४०·३° पू०

३. नागोका भूकम्प (१९६१), ३७·५° उ०, १३८·८° पू०

भारत में यह कार्य भारतीय सर्वेक्षण संस्थान देहरादून में किया जा रहा है। भ्रंशों के आसपास दो स्थानों के बीच की दूरी में ऊर्ध्वाधर अथवा क्षैतिज दिशा में कितना परिवर्तन हुआ, इसका पता उस स्थान पर दूरियाँ मापकर और कुछ वर्षों के बाद दुबारा दूरियाँ मापकर दोनों की तुलना करके लगाया जा सकता है।

यदि दो बिन्दुओं A व B के बीच की दूरी D हो और प्रकाश की किरण को A से B तक पहुँचने में और B से परिवर्तित होकर A पर वापस आने में T समय लगता है, तो

D=CT/२, जहाँ प्रकाश के वेग का मान C है।

जियोडीमीटर इसी सिद्धान्त पर कार्य करता है। आजकल इसमें हीलियम-नियान लेसर का प्रयोग प्रकाश की किरणों के स्थान पर किया जाता है जिसके विषय में आगे बताया जायेगा।

पृथ्वी के विरूपण का पता लगाने के लिए विकृति मापक भूकम्पलेखियों का प्रयोग किया जाता है। इस क्रम में पृथ्वी की चट्टानों पर दो मजबूत खम्भे लगाये जाते हैं जिनके बीच में क्वार्टज नली लगी होती है जो एक सिरे पर खम्भे से जुड़ी होती है और दूसरा सिरा दूसरे खम्भे के पास पहुँचता है परन्तु उसको छूता नहीं है। भूकम्पीय तरंगों के आने पर दूसरे खम्भे व नली के बीच की दूरी बदलती है जिसको सूक्ष्मदर्शी द्वारा मापा जा सकता है। इसके अतिरिक्त स्वतन्त्र सिरे के चारों ओर एक तार की कुण्डली लगाकर उसे उसके पास खम्भे में चुम्बक के अन्दर रखकर विद्युत् चुम्बकीय सिद्धान्त के प्रयोग द्वारा धारामापी से रिकार्डिंग की ज़ा सकती है। इसमें धारा-मापियों का आवर्त बहुत बढ़ाना पड़ता है; जैसे ७०, १८० सेकेण्ड या उससे भी अधिक, परन्तु इस प्रकार पृथ्वी के विस्थापन या गति का पता लग जाता है। इस प्रकार का पहला विकृतिमापक यन्त्र कैलिफोर्निया इन्स्टीच्यूट आफ टेक्नोलाजी के स्वर्गीय डाक्टर ह्यूगो बेनियाफ ने बनाया था।

यदि दोनों खम्भों के बीच की दूरी बढ़ाकर कई किलोमीटर कर दी जाये, तो हमें दोनों के बीच प्रकाश अथवा सूक्ष्म तरंगों का प्रयोग करना पड़ता है। इसके ऊपर वायुमण्डलीय प्रभावों को कम करना पड़ता है। आजकल इसके लिए दो लेसर किरणें प्रयोग की जाती हैं जिसको लेसर विकृतिमापक यन्त्र कहते हैं। वास्तव में यह एक बड़ा व्यतिक्रम-मापक यन्त्र है जिसमें लेसर किरणों (रचनात्मक व्यतिक्रम व विनाशी व्यतिक्रम के कारण) द्वारा लम्बाई में परिवर्तन को मापा जा सकता है। यह साधा-रणतया व्यतिक्रम-मापक यन्त्र के सिद्धान्त पर बनाया जाता है। इसमें हीलियम-नियान लेसर से उत्पन्न लाल किरणें जिनका तरंगदैर्ध्य ६३२८ एंग्सट्राम यूनिट है, १०२० मीटर एल्यूमूनियम ट्यूब में चलती हैं। नली के दोनों सिरों पर स्थित दर्पण तलशैल पर जड़े रहते हैं। सीधी व परावर्तित तरंगें व्यतिक्रम के कारण काली व चमकीली पट्टियाँ उत्पन्न

करती हैं। जैसे ही पृथ्वी की विकृति से उनके बीच की दूरी तनिक भी बदलती है वैसे ही चमकीली या काली पट्टियों (फ्रिंजो) की दूरी भी बदल जाती है।

लेसर की किरणें काफी दूरी से परावर्तित होने के बाद भी बहुत कम फैलती हैं, अतः उनकी सुग्राहिता अत्यधिक बढ़ जाती है। इस प्रकार १०^{६} किलोमीटर में एक मिलीमीटर लम्बाई तक भी परिवर्तन मापा जा सकता है। भूकम्प-पूर्वानुमान में इन यन्त्रों का मुख्य स्थान है पर ये बहुत ही महंगे होते हैं।

भूकम्प-पूर्वानुमान के नये यन्त्रों में क्वासार (नक्षत्रों आदि से निकालने वाली तरंगें) का भी प्रयोग किया जाने लगा है। विकृतिमापक यन्त्रों में दो खम्भों के बीच की समतल दूरी ही नापी जा सकती है जबकि क्वासार की सहायता से पृथ्वी के ऊपर उठने का भी संकेत मिल जाता है। चित्र-१४ में भ्रंश के दोनों ओर एण्टेना दिखलाये गये हैं जहाँ क्वासार के पहुँचने के समय का अन्तर मापकर भूकम्प आने का संकेत प्राप्त किया जाता है। क्वासार के प्रयोग का कारण यह है कि दूरी

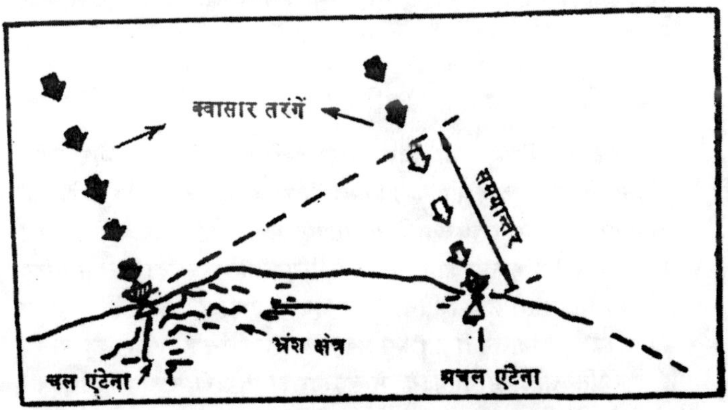

चित्र-१४

क्वेसार द्वारा भूकम्प-पूर्वानुमान की विधि

पृथ्वी से इतनी अधिक होने पर भी उनकी पारस्परिक स्थिति आकाश में नहीं बदलती है।

भूचुम्बकीय युक्तियाँ

पृथ्वी की सतह पर चुम्बकत्वमापी यन्त्रों का प्रयोग करने पर चुम्बकीय तीव्रता में छोटे-से-छोटे परिवर्तन का पता लग जाता है। इस प्रकार इसको उत्केन्द्र के स्थान पर रखने और दूसरे यन्त्र को कुछ दूर रखने से चुम्बकीय तीव्रता के परिवर्तनों का पता लगता रहता है। २८ नवम्बर १९७४ को होलिस्टर (कैलिफोर्निया) में आये भूकम्प से दो महीने पहले ही प्रोटान चुम्बकत्वमापी द्वारा चुम्बकीय तीव्रता दो गामा बढ़ गयी, परन्तु भूकम्प आने से कुछ दिन पहले उसका मान फिर पहले जैसा ही हो गया। इसी भूकम्प से नतिमापी द्वारा ६ नवम्बर को नति में ५ × १०^{-६} रेडियन परिवर्तन पाया गया।

१९७२ के एलास्का भूकम्प के आने से साढ़े सात वर्ष पहले से ही चुम्बकीय तीव्रता के क्षैतिज घटक का मान बढ़कर २० गामा पहुँच गया था, परन्तु जिस वर्ष भूकम्प आया, उसी वर्ष उसका मान फिर सामान्य हो गया।

पृथ्वी की प्रतिरोधकता में परिवर्तन

यदि सौ एम्पियर की विद्युतधारा पृथ्वी में भेजी जाये और उससे उत्पन्न विद्युतीय क्षेत्र को कुछ किलोमीटर की दूरी पर मापा जाये, तो उसमें पृथ्वी की प्रतिरोधकता के समानुपात में परिवर्तन आ जाते हैं। यह देखा गया है कि भूकम्प आने से पहले विद्युत्-प्रतिरोधकता दस से पन्द्रह प्रतिशत घट जाती है। जितना बड़ा भूकम्प होता है, उतने ही पहले से यह परिवर्तन होने लगता है। इस प्रक र के परिवर्तन होने का कारण यह है कि प्रतिबल की मात्रा बढ़ने से चट्टानों की दरारों में वायु प्रवेश कर जाती है जो विद्युत् की सुचालक नहीं होती।

रूस के गार्म क्षेत्र में विद्युत् प्रतिरोधकता के परिवर्तन को भूकम्पों से सम्बन्धित किया गया। चीन के कान्सू क्षेत्र में ३ दिसम्बर १९७४ के

५·५ परिमाण वाले भूकम्प से ४० दिन पहले प्रतिरोधकता १४ प्रतिशत घट गयी। इसी प्रकार के परिवर्तन अमरीका कामचटका एवं जापान में भी पाये गये हैं।

सूक्ष्म भूकम्प

भ्रंशों की सक्रियता का संकेत सूक्ष्म भूकम्पों द्वारा प्राप्त किया जाता है। ये सूक्ष्म भूकम्प इतनी कम शक्ति के होते हैं कि हम इनके झटके महसूस नहीं कर पाते हैं और इनको केवल सुग्राही भूकम्पलेखियों द्वारा ही रिकार्ड किया जाता है। यह अक्सर देखा गया है कि बड़ा भूकम्प आने से पहले सूक्ष्म भूकम्पों की संख्या बढ़ने लगती है। हिमालय के किन्नौर क्षेत्र में १९ जनवरी १९७५ को विध्वंसक भूकम्प आने के कुछ महीने पहले से ही सूक्ष्म कम्पों की संख्या बढ़ने लगी थी। कभी-कभी केवल कुछ ही घण्टे पहले सूक्ष्म कम्पों की संख्या बढ़ती है। यहाँ यह स्पष्ट करना आवश्यक है कि भारत के दक्षिणी पठार में छोटी शक्ति के भूकम्पों की भरमार कभी-कभी ही होती है और वह भी कुछ दिनों अथवा महीनों के बाद रुक जाती है। बड़ा भूकम्प अधिकतर भारतीय पठार जैसे स्थानों में नहीं होता है। अतः सूक्ष्म भूकम्पों की संख्या बढ़ते ही भूकम्प-पूर्वानुमान की भूचुम्बकीय एवं विभिन्न विधियों का भी प्रयोग करना चाहिए क्योंकि तभी पता लग सकेगा कि सूक्ष्म कम्पों की संख्या का बड़े भूकम्पों से कितना सम्बन्ध है।

'पी' व 'एस' तरंगों के वेगों में परिवर्तन

प्रयोगों द्वारा यह ज्ञात हुआ है कि जब कोई चट्टान दबायी जाती है तो वह विरूपित होने लगती है और फिर दबाव अथवा प्रतिबल की मात्रा बढ़ते ही वह टूट जाती है। टूटने से कुछ समय पहले बारीक दरारें पड़ने से चट्टानें फूल-सी जाती हैं। आयतन में इस प्रकार के अप्रत्यास्थित वृद्धि को डाइलेटेन्सी कहते हैं जो उस समय प्रारम्भ होती है जब प्रतिबल की मात्रा चट्टान टूटने की शक्ति से लगभग आधी तक पहुँच जाती है। प्रयोगों द्वारा १९६० में विलियम ब्रेस और उनके साथियों ने यह बतलाया कि

इस प्रभाव के कारण चट्टानों में कई प्रकार के भौतिक परिवर्तन होने लगते हैं। उदाहरण के लिए आयतन एवं प्रत्यास्थ तरंगों के वेगों में परिवर्तन होते रहते हैं। अतः इन वैज्ञानिकों ने यह सुझाव दिया कि इस प्रकार के परिवर्तन पृथ्वी में भी हो सकते हैं जो भूकम्प-पूर्वानुमान में सहायक होंगे।

१९६० के अन्त में रूस के सेमेनोव एवं नरसीसोव नामक वैज्ञानिकों ने यह पाया कि भूकम्प आने से पहले ताजिकिस्तान के गार्म क्षेत्र में भूकम्प आने से पहले भूकम्पीय तरंगों के वेगों में परिवर्तन होते हैं। इसके साथ ही वहाँ पर विद्युत प्रतिरोधकता भी बदलने लगती है।

आजकल डाइलेटेन्सी के दो प्रमुख माडल माने जाते हैं। (चित्र-१५) एक तो अमरीकी वैज्ञानिकों द्वारा व दूसरा रूसी विशेषज्ञों द्वारा। इन दोनों के अनुसार भूपृष्ठ में प्रत्यास्थ विकृति (तनाव) बढ़ता है जिससे बारीक दरारें उत्पन्न होने से 'पी' तरंगों के वेग घटने लगते हैं। इसको समझने के लिए हम एक ऐसी चट्टान को लें जो पानी से सन्तृप्त की हुई हो। यदि उसके ऊपर बल लगाया जाये तो धीरे-धीरे उसके अन्दर बारीक दरारें पड़ जाती हैं। इन दरारों के बढ़ते ही चट्टान का आयतन भी बढ़ जाता है। चूंकि इन खुली हुई छोटी दरारों में आसपास से पानी घुसने में कुछ समय लगता है, अतः चट्टानों का पानी घटने लगता है और वे पानी बिना शुष्क होने लगती हैं। हम जानते हैं कि 'पी' तरंगों के वेग पानी से सन्तृप्त चट्टान एवं सूखी चट्टान में विभिन्न होते हैं। चूंकि 'पी' तरंगें ध्वनि तरंगों से मिलती-जुलती हैं, अतः उनका वेग भी पानी से सन्तृप्त चट्टान में सूखी चट्टान की अपेक्षा अधिक होता है। इसीलिए डाइलेटेन्सी की अवस्था प्रारम्भ होते ही 'पी' तरंगों के वेग घटने लगते हैं जबकि 'एस' तरंगों पर अपेक्षाकृत बहुत ही कम प्रभाव होता है। अतः 'पी' व 'एस' तरंगों का अनुपात भी घट जाता है। कुछ समय बाद आसपास का पानी फिर से चट्टान की दरारों में घुस जाता है और वह दुबारा पानी से सन्तृप्त हो जाती है। इसके साथ ही 'पी' तरंगों का वेग फिर से उतना ही हो जाता है जितना डाइलेटेन्सी का प्रारम्भ होते समय था। परन्तु इतना होते ही पानी की मात्रा से उत्पन्न दाब के कारण चट्टान भी कमजोर हो जाती है और

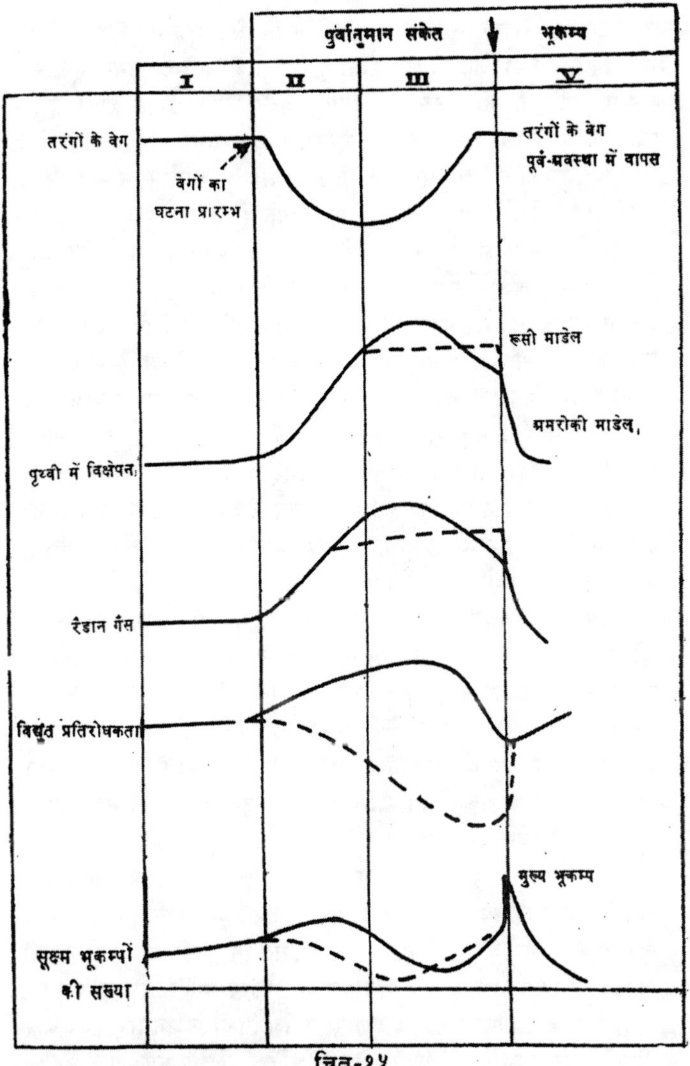

चित्र-१५
डाइलेटेंसी के रूसी तथा अमेरिकन माडेल

उसके टूटते ही (अथवा भ्रंश के पास फिसलने से) भूकम्प आ जाता है। जितना ही बड़ा डाइलेटेन्सी क्षेत्र होता है, उतना ही अधिक समय भूकम्प आने में लगता है और उसी के अनुसार भूकम्प की शक्ति होती है। उदाहरण के लिए ५.० परिमाण का भूकम्प आने से तीन-चार महीने पहले ही से 'पी' तरंगों के वेग घटने लगते हैं जबकि ८.० परिमाण के भूकम्प होने के कई वर्ष पहले से संकेत प्राप्त होने लगते हैं।

अब हमें अमरीकी एवं रूसी माडेलों के अन्तर को समझना चाहिए जो चित्र-१५ में दिखलाया गया है। अमरीकी माडेल के अनुसार डाइलेटेन्सी प्रारम्भ होते ही सूक्ष्म भूकम्पों की संख्या घटने लगती है क्योंकि चट्टानों में पानी कम होने से घर्षण बढ़ जाता है जिससे भ्रंश के दोनों ओर की चट्टानें कम फिसलती हैं। रूसी माडेल के अनुसार अन्तिम अवस्था में पानी का कोई कार्य नहीं रहता क्योंकि बल की मात्रा बढ़ने के साथ-साथ भ्रंश के पास असीमित दरारों के होने से छोटे भूकम्पों की संख्या बढ़ती है और कुछ छेद बन्द-से होने लगते हैं जिससे वेग में वृद्धि, आयतन में कमी व दूसरे परिवर्तन हो जाते हैं तथा भूकम्प आने से पहले चट्टान लगभग अपनी पूर्व-अवस्था में हो जाती है।

वेगों में परिवर्तन का पता लगाने के लिए सुग्राही भूकम्पलेखी लगाने की आवश्यकता होती है। इसके लिए भूकम्पों द्वारा 'पी' व 'एस' तरंगों के पहुंचने के समय की तुलना जेफ्री-बुलेन-गमन तालिका से करके उनका मासिक औसत मान निकाल लेते हैं। इसी प्रकार यदि प्रतिमास हम रासायनिक विस्फोटन करें तो भी 'पी' व 'एस' तरंगों के वेगों में परिवर्तन का अध्ययन किया जा सकता है। नाभिकीय विस्फोटनों का प्रयोग भी भूकम्प-पूर्वानुमान में किया जा सकता है।

अभी तक इस युक्ति से कई भूकम्पों से पहले वेगों में परिवर्तन पाये गये हैं। कैलिफोर्निया में १९७१ का सेन फरनेन्डो भूकम्प आने से साढ़े तीन वर्ष पहले से 'पी' व 'एस' तरंगों के अनुपात में कमी पायी गयी। इसी प्रकार उसी वर्ष लगभग ४.० परिमाण का भूकम्प होने से पचास दिन पूर्व वेगों में पाँच प्रतिशत कमी हुई। जापानी वैज्ञानिकों के अनुसार १९६४ के निगाता एवं १९७० के दक्षिणी-पश्चिमी अकिता क्षेत्र के भूकम्पों में ३४५०

एवं ७३० दिन पूर्व वेगों के अनुपात घटने लगे थे। इन दोनों भूकम्पों के परिमाण क्रमशः ७.५ एवं ६.२ थे। चीन के निंगसिया क्षेत्र के सिची भूकम्प से लगभग ३०० दिन पहले तरंगों का अनुपात १.७३ से घटकर १.६३ रह गया। इस भूकम्प का परिमाण ५.७ था। अमरीका के ब्लू माउण्टेन लेक (झील) में एक छोटा भूकम्प १९७३ में हुआ था जिसका पूर्वानुमान वेगों में परिवर्तन के कारण पहले से ही कर लिया गया था। इस प्रकार के कुछ संकेत भारत में कोयना क्षेत्र में डॉ० वी० के० गौड़, डॉ० के० एन० खत्री और एम० सक्सेना द्वारा तथा हिमाचल प्रदेश एवं शिलांग क्षेत्रों में लेखक द्वारा पाये गये, परन्तु भूकम्प-पूर्वानुमान के दृष्टिकोण से अभी और भी अधिक अध्ययन की आवश्यकता है।

कुओं में रैडान गैस की मात्रा में वृद्धि

चट्टानों की दरारों में पानी घुसने के कारण रेडियोएक्टिव रैडान गैस सोख ली जाती है, इसलिए भूकम्प आने से पहले कुओं के पानी में इसकी मात्रा बढ़ जाती है। इस प्रकार के परिवर्तन रूस के गार्म क्षेत्र में भूकम्प आने से पहले भी पाये गये थे।

सांख्यिकी युक्तियाँ

भूकम्प इंजीनियरिंग के लिए इस प्रकार की भूकम्प-पूर्वानुमान युक्ति का विशेष महत्त्व है। भूकम्पलेखियों द्वारा भूकम्पों की संख्या व परिमाण निश्चित समय व क्षेत्र में निकाले जाते हैं। चौथे अध्याय में दिये गये समीकरणों का प्रयोग करने से यह पता लग जाता है कि विभिन्न परिमाण के भूकम्प कितने वर्षों में होंगे।

भारतीय क्षेत्र में डॉ० ए० एन० टण्डन एवं डॉ० एस० एन० चटर्जी के अनुसार हिमालय में ८.० परिमाण का भूकम्प लगभग ४० वर्षों में एक बार हो सकता है तथा ७.० परिमाण का भूकम्प चार वर्षों में एक बार। इसी प्रकार दिल्ली में ४० वर्षों में एक बार ६.० परिमाण का भूकम्प हो सकता है जबकि ५.० परिमाण का भूकम्प हर पाँचवे वर्ष सम्भावित है। पांग बाँध के आसपास ६.० परिमाण के भूकम्प में लगभग २५ वर्ष लग

सकते हैं और ५.० परिमाण का भूकम्प हर आठवें वर्ष सम्भव है। इस प्रकार निर्माण-कार्यों की योजना हम उनकी महत्त्व व आयु के अनुसार चला सकते हैं। इसी प्रकार श्री एच० एम० चौधरी और लेखक के अनुसार भूकम्प आने के बाद अधिकतर का सबसे बड़ा झटका दो घण्टे के अन्दर ही आता है।

भारतीय क्षेत्र में भूकम्प-पूर्वानुमान में सफलता प्राप्त करने के लिए कुछ निश्चित स्थान सक्रिय भ्रंशों के पास चुनने पड़ेंगे जहाँ भूकम्प-पूर्वानुमान की सभी युक्तियों (भूकम्पलेखियों, प्रांटान चुम्बकत्वमापी, विद्युत-प्रतिरोधकता, नतिमापी यन्त्र एवं विकृतिमापी यन्त्र) को जुटाकर ही निष्कर्ष निकल सकेगा। तब तक हमें भूकम्पीय कटिबन्ध मानचित्र का ही सहारा निर्माण-कार्यों के लिए लेना है।

चीन में भूकम्प-पूर्वानुमान

भूकम्प-पूर्वानुमान का मनोरंजक विवरण १९७६ में संयुक्त राष्ट्र संघ के वैज्ञानिक सम्मेलन में चीन के वैज्ञानिकों ने प्रस्तुत किया। उनके अनुसार ४ फरवरी १९७५ के ७.३ परिमाणवाले भूकम्प का पूर्वानुमान करके अधिकतर प्राणियों को मृत्यु से बचा लिया। सम्पत्ति की हानि भी बहुत कम हो पायी। उत्तरी चीन एवं बोहाई की खाड़ी क्षेत्र में घनी आबादी एवं उद्योग-धन्धों को ध्यान में रखकर १९७० ई० से भूकम्प-पूर्वानुमान के साधन जुटाये जाने लगे। यन्त्रों के अतिरिक्त १९७४ (दिसम्बर) से ही घोड़े, कुत्ते, सूअर जैसे जानवरों पर अजीब प्रतिक्रियाएँ होने लगीं। जैसे ही सूक्ष्म भूकम्पों की संख्या बढ़ने लगी, बचाव-कार्य चालू कर दिये गये। कमज़ोर मकान आदि गिरा दिये गये। रोगियों को सुरक्षित स्थानों पर पहुँचा दिया गया। ट्रकें व मोटरगाड़ियाँ खुले मैदानों में रखी जाने लगीं। भूकम्पविज्ञानियों ने फैक्टरियों, स्कूलों आदि में जाकर जनता को भूकम्प-विज्ञान की शिक्षा देकर उनसे भी प्रेक्षणों में सहायता ली। विशेषकर जनता ने कुओं में पानी की गहराई व उसके रंग पर ध्यान रखना प्रारम्भ कर दिया। भूकम्प आने से कुछ समय पहले ही जलकूप गन्दे हो गये और पानी की सतह में परिवर्तन होने लगा। ४ फरवरी १९७५ ई० को जिस

दिन बड़ा भूकम्प आया उसी रात अधिकतर व्यक्तियों को खुले स्थानों में सिनेमा दिखलाया जा रहा था और लगभग ७००० व्यक्तियों में से केवल तीन की मृत्यु हुई। इतना होते हुए भी अगस्त १९७६ में तंगशान के भूकम्प का पूर्वानुमान सफल नहीं रहा।

भूकम्प रोकने के प्रयत्न

उत्तरी अमरीका के डेन्वर (कोलरेडो) क्षेत्र में यह देखा गया कि जब भी गहरे कुओं में दबाव से पानी भरा जाता है तो छोटे भूकम्प आने लगते हैं। इसके बाद ही प्रयोगशाला में यह पता लगा कि भ्रंशों के क्षेत्र में पानी डालने से भी घर्षणात्मक प्रतिरोधकता कम हो जाती है और इससे थोड़ा भी अधिक तनाव बढ़ने पर भूकम्प आने लगते हैं। इस प्रकार यदि पानी डालने से अथवा विस्फोटन करके चट्टानों के तनाव को कम करदिया जाये तो सम्भवतः भूकम्प रोके जा सकते हैं। यह तभी सफल हो सकता है जब पृथ्वी के भीतर की चट्टानों की सहनशक्ति एवं प्रतिबल का सही अनुमान किया जा सके। इसमें कठिनाई यह है कि छोटे भूकम्प उत्पन्न करके भ्रंश के ऊपर बहुत ही कम मात्रा में ऊर्जा अथवा तनाव कम कर सकते हैं। उदाहरण के लिए ५.० परिमाण के १००,००० भूकम्पों में उतनी ऊर्जा होती है जितनी परिमाण के एक भूकम्प में। अतः यदि हम ८.५ परिमाण के भूकम्प को रोकना चाहते हैं तो कम से कम १,००,००० भूकम्प ५.० परिमाण के उत्पन्न करने पड़ेंगे। यदि हम केवल २०,००० भूकम्प करने में सफल हुए तो ८०,००० भूकम्प बचे रहेंगे और इसी कारण ८.५ परिमाण के भूकम्प की अपेक्षा ८.४ परिमाण का भूकम्प सम्भव होगा जिसमें क्षति के दृष्टिकोण से विशेष अन्तर नहीं है। इसके अतिरिक्त यदि हम भ्रंशों के निकट बड़े विस्फोटनों द्वारा बड़े भूकम्प उत्पन्न करने में सफल हो सकें तो आवश्यक सावधानियाँ बरतने के लिए समय मिल सकता है।

भारत में भूकम्प-पूर्वानुमान

भारत में सर्वत्र भूकम्पीय वेधशालाओं द्वारा ५.० या इससे अधिक

परिमाण के भूकम्पों के उत्केन्द्र निकाले जा सकते हैं, परन्तु हिमाचल प्रदेश में पांग व पाण्डों बाँधों के आसपास की दस वेधशालाओं से पिछले दस वर्षों में २.० परिमाण या उससे भी छोटी शक्ति के भूकम्पों का अध्ययन किया जा सका है। भूकम्पनीयता की दृष्टि से हिमाचल प्रदेश व शिलांग पठार का विशेष महत्त्व है जहाँ क्रमशः १९०५ (काँगड़ा) व १८९७ (शिलांग) में विध्वंसक भूकम्प आ चुके हैं। अतः लेखक व श्री एच० एम० चौधरी ने इन स्थानों पर भूकम्प-पूर्वानुमान सम्बन्धी अनुसन्धान करके मनोरंजक परिणाम पाये हैं।

प्रयोगों द्वारा यह स्पष्ट हो चुका है कि जिन स्थानों पर क्षेप भ्रंश होते हैं वहाँ पर डाइलेटेन्सी उत्पन्न होने के कारण 'पी' व 'एस' तरंगों के वेगों में परिवर्तन होने लगते हैं। भूकम्पों की उद्गम-क्रिया का अध्ययन करके इन दोनों प्रदेशों में भूवैज्ञानिकों द्वारा यह स्पष्ट किया गया है कि वहाँ पर अधिकतर क्षेप भ्रंश हैं। अतः इन स्थानों में २३ जनवरी १९६९ (हिमाचल प्रदेश), जून १९६९ (शिलांग) और मई १९७४ (शिलांग) के लगभग ५.० परिमाण के भूकम्प आने से कई महीने पूर्व से 'पी' तरंगों के वेगों में परिवर्तन का अध्ययन किया गया। इससे यह स्पष्ट हुआ कि भूकम्प आने से एक-दो महीने पूर्व 'पी' तरंगों के वेग में लगभग १५ प्रतिशत कमी आयी जो भूकम्प के आने तक अपनी पूर्व अवस्था में वापस आ गयी।

हिमाचल प्रदेश में समीकरण (३) द्वारा 'b' गुणांक का मान प्रति ६ महीने पर निकालने से यह स्पष्ट हो गया कि अक्टूबर १९६९ और जनवरी १९७० में आनेवाले भूकम्पों से क्रमशः १५ दिन व १०५ दिन पूर्व 'b' का मान घट गया। इस प्रकार से परिणाम विभिन्न देशों के भूकम्पों में पाये गये हैं। . वेनेजुला में १९६७ के कैराकास भूकम्प से ९०० दिन पूर्व 'b' का मान १.३ से घटकर ०.७ रह गया। इसी प्रकार एलास्का के फ्रेयर बैंक्स में भूकम्प आने से पूर्व 'b' का मान घट गया था।

५ नवम्बर १९६८ के ५.० परिमाण वाले भूकम्प से पूर्व व बाद के कम्पों से 'b' का मान निकालने पर यह स्पष्ट हो गया कि पूर्व कम्पों में 'b' का मान बाद के कम्पों एवं हिमाचल प्रदेश की भूकम्पनीयता द्वारा

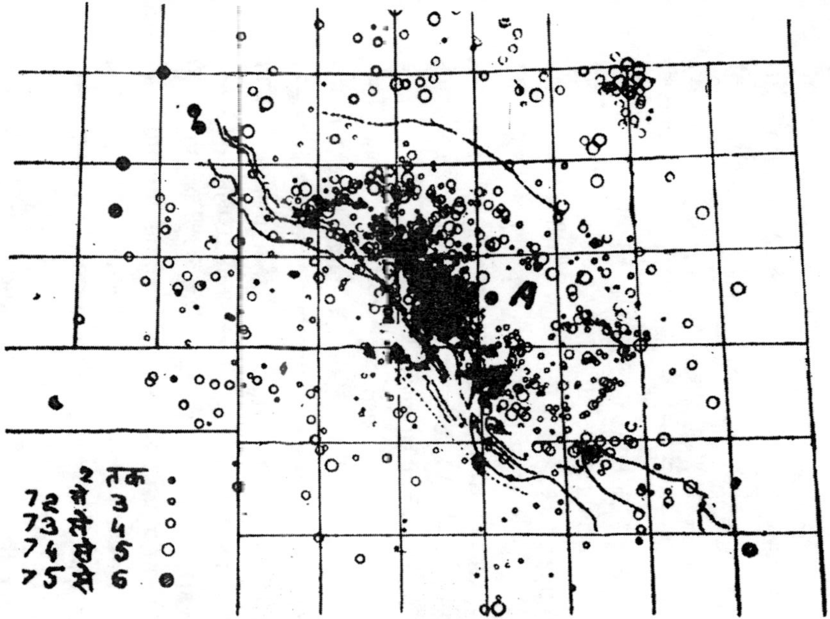

चित्र-१६

उत्तरी-पश्चिमी हिमालय में सूक्ष्म भूकम्पों के उत्केन्द्र। चिन्ह A के स्थान पर विध्वंसक भूकम्प की सम्भावना है।

निकाले गये 'b' के मान से कम पाया गया।

हिमाचल प्रदेश में १९६५ से १९७४ तक के सभी भूकम्पो के उत्केन्द्रों को अंकित करने से यह स्पष्ट होता है कि काँगड़ा (१९०५) एवं किन्नौर (१९७५) के भूकम्पों के बीच एक 'भूकम्पनीयतारिक्त' स्थान है जिसको चित्र-१६ में चिन्ह 'A' से दर्शाया है। ('भूकम्पनीयतारिक्त' स्थान उस क्षेत्र को कहते हैं जहाँ भूकम्पनीयता आसपास के क्षेत्रों की अपेक्षा कहीं कम हो।) इस स्थान पर हिन्द व यूरेशियन प्लेटों के टकराने से प्रतिबल इकट्ठा हो रहा है और वहाँ के विवर्तनी परिवर्तनों को ध्यान में रखते हुए एक विध्वंसक भूकम्प की सम्भावना व्यक्त की जा सकती है। 'भूकम्पनीयतारिक्त' क्षेत्र का अध्ययन करके रूस के फ़ेदोतोव नामक वैज्ञानिक ने १९६८ में जापान के टोकाचीओकी क्षेत्र में आये ७.९ परिमाणवाले भूकम्प का सही पूर्वानुमान किया था। इसी प्रकार बाद के क्षेत्रों के अध्ययन के आधार पर एलास्का (१५५-१६५°प०), कमाण्डर द्वीपों (१६५-१७०°पू०) और उत्तरी क्यूराइल द्वीपों के 'भूकम्पनीयतारिक्त' में विध्वंसक भूकम्पों की आशंका है।

हिमालय व आसपास के क्षेत्रों के पूर्व कम्पों का भी अध्ययन किया गया है जिनसे बड़े भूकम्पों के पूर्वानुमान में सहायता मिलती है। कभी-कभी बड़े भूकम्पों से कई वर्ष पूर्व या सैकड़ों किलोमीटर की दूरी पर पूर्व कम्प पाये गये हैं, परन्तु भारतीय क्षेत्र में वे ही सम्मिलित किये गये जो मुख्य कम्पों के आसपास ही हुए हैं। अनुसंधानों द्वारा यह स्पष्ट हो गया है कि कई बार भूकम्पों से ८ से १० घण्टे पहले से ही 'पूर्वकम्प' पाये गये हैं। परन्तु हिमाचल प्रदेश में, जहाँ भूकम्पीय वेधशालाएँ पास-पास हैं, 'पूर्व कम्प' कई दिन या कई महीने पहले ही अनन्तनाग भूकम्प (१९६७), धर्मशाला भूकम्प (१९६८), किश्तवार भूकम्प (१९७३) व किन्नौर भूकम्प (१९७५) के दौरान पाये गये।

स्पष्ट है कि भारत में भूकम्प-पूर्वानुमान के प्रेक्षणों के लिए वेधशालाएँ पास-पास खोलना आवश्यक है। यदि कुछ स्थानों पर प्रति मास रासायनिक विस्फोटन किये जा सकें जिससे 'पी' व 'एस' तरंगों के परिवर्तन का पता लग सके, तो भूकम्प-पूर्वानुमान के महत्त्वपूर्ण परिमाण

निकल सकेंगे। भारत में 'भूकम्प-पूर्वानुमान' पर प्रथम विचारगोष्ठी भारत मौसम विज्ञान विभाग ने ८ से १० मार्च १९७८ ई० तक आयोजित की जिससे यह स्पष्ट हो गया कि भारत के कुछ चुने हुए स्थानों पर भूकम्प-पूर्वानुमान सम्बन्धी अनुसन्धान करना आवश्यक है।

भविष्य

भूकम्प-पूर्वानुमान के लिए सरकारी सूत्रों से अभी तक लगभग सभी देशों में बहुत ही कम धन दिया जा रहा है जिस कारण इस विषय में अनुसन्धान के लिए पर्याप्त समुचित वातावरण नहीं है। फिर भी जापान व अमरीका में कुछ निश्चित कदम उठाये गये हैं। टोकियों में विध्वंसक भूकम्प की सम्भावना के कारण वहाँ विशेष कदम उठाये जा रहे हैं जिससे भूकम्प होने पर अग्निकाण्ड आदि से भी कम-से-कम क्षति हो।

सामाजिक दृष्टिकोण से भूकम्प-पूर्वानुमान की व्यवस्था होने पर उससे भी अधिक कठिनाई उत्पन्न होगी जितनी कि भयंकर चक्रवाती तूफानवाले मौसम का पूर्वानुमान करने पर जनता को सुरक्षित स्थानों में पहुँचाने के क्रम में हो सकती है। इसके साथ ही यदि पूर्वानुमान गलत सिद्ध हुआ तो वैज्ञानिकों के लिए यह अधिक हानिप्रद सिद्ध होगा क्योंकि जनता का विश्वास कम हो सकता है। फिर भी आशा है कि कुछ वर्षों में भूकम्प-पूर्वानुमान भी मौसम की भविष्यवाणी की तरह कुछ देशों में किया जा सकेगा।

१३

ग्रहकम्प-विज्ञान

ग्रहों के भौतिक गुण

जब से रूस ने अक्टूबर १९५७ में अपना उपग्रह छोड़ा, तभी से दूसरे ग्रहों एवं वायुमण्डल के विषय में ज्ञान प्राप्त करने की हम लोगों की उत्सुकता बढ़ती गयी है। इस अध्याय में हम देखेंगे कि चन्द्रमा पर कम्पलेखी रखकर किस प्रकार उसका उपयोग किया गया। इसके अतिरिक्त दूसरे ग्रहों के विषय में संक्षिप्त विवरण (घनत्व आदि के द्वारा) भी प्रस्तुत किया जायेगा।

पृथ्वी, चन्द्र, मंगल एवं शुक्र के भार, आयतन, अर्द्धव्यास आदि तालिका-११ में दिये गये हैं। इसका मुख्य उपयोग यह है कि पृथ्वी से तुलना करने पर ग्रहों की भौतिक अवस्था का पता लग जाता है।

चन्द्रमा

बनावट—भूकम्प-विशेषज्ञों के लिए वह दिन अविस्मरणीय था जब अमरीका ने अपोलो उड़ान द्वारा भूकम्पलेखी रखकर पहला चन्द्र-कम्प रिकार्ड पृथ्वी पर भेजा। अब तक अपोलो-१२ से लेकर अपोलो-१६ तक की उड़ानों से चन्द्रमा के एल्सेप क्षेत्र पर चार भूकम्पलेखी रखे जा चुके हैं। प्रत्येक स्थान पर तीन अधिक आवर्तकालवाले और एक कम आवर्त-

कालवाले भूकम्पलेखी थे।

तालिका-१२ में इन्हें दर्शाया गया है। ये सारे यन्त्र अभी तक ठीक-ठीक कार्य करते रहे हैं।

चन्द्र-कम्पों, उल्काओं एवं नौ कृत्रिम वस्तुओं (तालिका-१३) के टकराने पर भूकम्पलेखियों ने बहुत-से रिकार्ड भेजे हैं। पृथ्वी के भूकम्पों से तुलना करने पर यह स्पष्ट हो जाता है कि चन्द्र-कम्पों में तरंगों के आयाम धीरे-धीरे बढ़ते हैं जोकि पृथ्वी के भूकम्पलेखों से भिन्न होते हैं। चित्र-१७ में २३ मई १९७० को एल्सेप स्टेशन से प्राप्त एक रिकार्ड

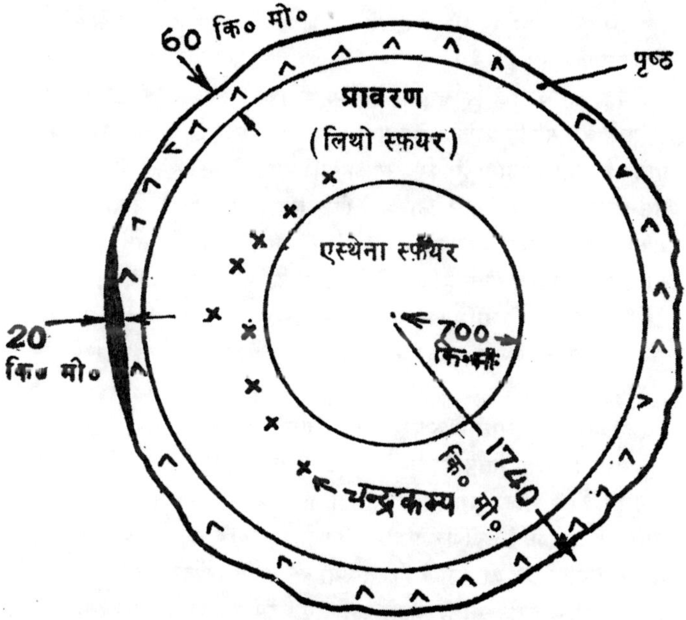

चित्र-१७

चन्द्रमा की आन्तरिक बनावट

दिखलाया गया है। इसकी पृष्ठीय तरंगों में विक्षेपण नहीं होता है

अर्थात् विभिन्न आवर्त-तरंगें अलग-अलग नहीं हो पाती हैं। इस प्रकार के चन्द्र-कम्प रिकार्ड का मुख्य कारण चन्द्रमा के ऊपरी भाग में अधिक भूकम्पीय क्यू है (अर्थात् न्यूनतम वेग के पदार्थ होते हैं, जिनसे वहाँ अत्याधिक 'क्यू' हो जाता है)।

चन्द्र-कम्पों के उद्गम-स्थान से दो प्रकार की पिण्ड तरंगें उत्पन्न होती हैं, उनका भी चन्द्रकम्पमापियों द्वारा पता लग जाता है। उनको क्रमशः अनुलम्बीय (पी) व कर्तन (एस) तरंगें कहते हैं। तीन या उससे अधिक स्टेशनों पर अनुलम्बीय व कर्तन तरंगों के पहुँचने के समय से कम्पों के उत्केन्द्र, उद्गम-समय और नाभिकीय गहराइयों का पता लग जाता है। इस समय चन्द्रमा पर भी चार स्टेशनों के कार्य करने से कम्पों के विषय में सूचनाएँ प्राप्त हुई हैं।

यह पता चला है कि चन्द्रमा में कम्प अधिकतर उल्काओं के टकराने से ही आते हैं। यद्यपि प्रत्येक कम्पमापी यन्त्र ६०० से ३००० तक कम्पों का प्रतिवर्ष पता लगाता है, पर उनका परिमाण रिक्टर स्केल में २.० या उससे कम होता है। यही कारण है कि चन्द्र-कम्पों द्वारा उत्पन्न ऊर्जा भूकम्पों की अपेक्षा बहुत ही कम होती है। चन्द्रमा में विवर्तनी हलचलों का प्रभाव भी कम होता है, जब कि भूकम्पों का मुख्य कारण विवर्तनी बल है। चन्द्र-कम्पों की नाभिकीय गहराई साधारणतया ८००-१००० किलोमीटर होती है, जबकि पृथ्वी की सतह से ७०० किलोमीटर गहराई तक भूकम्प होते रहते हैं।

चन्द्रमा के आन्तरिक परतों को चित्र १८ में दिखाया गया है। चन्द्रमा की बाह्य सतह के निकट चट्टानों में अनुलम्बीय तरंगों का वेग लगभग १०० मीटर प्रति सेकेण्ड रहता है। अपोलो-उड़ानों द्वारा लायी गयी चट्टानों के टुकड़ों पर प्रयोगशालाओं में विभिन्न दाबों पर परीक्षण करने से यह स्पष्ट हो गया है कि चन्द्रमा की सूखी चट्टानों में बड़े-बड़े छिद्र हैं, और सूक्ष्म दरारें भी हैं जिनमें कम दाब पर वेग भी कम ही रहता है।

चन्द्रमा की सतह से नीचे लगभग १ से २० किलोमीटर तक बैसाल्ट पाये जाते हैं। इनमें अनुलम्बीय तरंगों के वेग ४ किलोमीटर प्रति सेकेण्ड से लेकर ६ किलोमीटर प्रति सेकेण्ड तक पहुँच जाते हैं। गहराई के साथ वेग

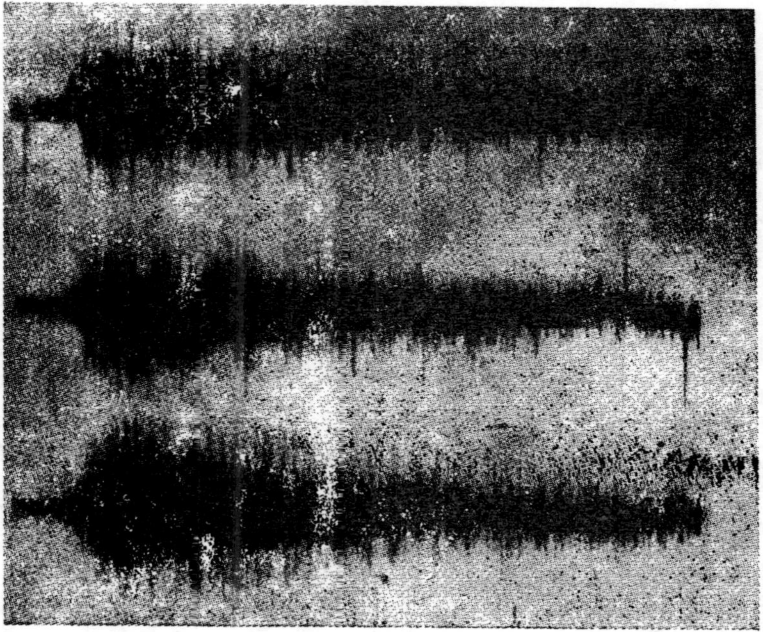

चित्र-१८
चन्द्रकम्पों के रिकार्ड

बढ़ने का मुख्य कारण चन्द्रमा की सूखी चट्टानों पर अधिक दबाव पड़ना है। पृष्ठ की तीसरी परत २० से ६० किलोमीटर तक मोटी और बहुत ही मजबूत चट्टानों की बनी होती है। इसमें भी कई तरह के बैसाल्ट होने की सम्भावना है। इस परत में अनुलम्बीय तरंगों का वेग लगभग ७ किलोमीटर प्रति सेकेण्ड होता है।

चन्द्रमा पर ६० किलोमीटर की गहराई से नीचे न तो अनुलम्बीय तरंगों का सही पता लग सका है और न ही प्रावरण के पदार्थों का कुछ प्रमाणों से अनुलम्बीय तरंगों का वेग ७.७ या ८.० किलोमीटर प्रति सेकेण्ड निकलता है जिससे पैरोक्सिन-ओलिविन का अनुमान किया गया है। एक और माडेल के अनुसार ९.० किलोमीटर प्रति सेकेण्ड अनुलम्बीय तरंगों के वेग का अनुमान किया गया है। 'पी' तरंगों का वेग माडेल तालिका-१२ में दिया गया है।

गहराई के उद्गमवाले चन्द्रकम्पों से उत्पन्न कर्तन तरंगों से यह पता लगता है कि चन्द्रमा का प्रावरण १००० किलोमीटर तक काफी ठोस है। इसका प्रमाण कर्तन तरंगों में ह्रास का न होना है। परन्तु १००० किलोमीटर के गहराई के नीचे कर्तन तरंगों का ह्रास होने लगता है जोकि वहाँ पर मुलायम पदार्थ होने का संकेत करता है। चन्द्रमा के भीतरी भाग में ताप अधिक होने से भी ऐसा हो सकता है कि वे तरगें तत्त्व पिघलकर मुलायम हो जाती हों। ऐसा भी अनुमान किया जाता है कि चन्द्रमा के केन्द्र वाले पदार्थ पूरी तरह पिघले हुए हैं। जिस प्रकार पृथ्वी के अन्दर एक लौह कोड होता है उसी प्रकार का कोड चन्द्रमा के भीतर होने के अभी तक प्रमाण नहीं मिले हैं। चन्द्रमा के सतह की बनावट में उल्काओं आदि के टकराने का बड़ा हाथ रहा है। उसकी सतह की चट्टानों के भौतिक गुण आदि में अन्तर आने का कारण भी उल्काओं द्वारा बड़े-बड़े गड्ढे उत्पन्न होने से सम्बन्धित है जो बाद में बैसाल्ट द्वारा भर गये थे।

उत्पत्ति : चन्द्रमा की उत्पत्ति के तीन कारण हो सकते हैं :

१. वह पृथ्वी से अलग हो गया।

२. पृथ्वी के साथ-ही-साथ दोहरे ग्रह की उत्पत्ति हुई हो।

३. वह बाहर से आकर पृथ्वी की पकड़ में आ गया!

यद्यपि यह निश्चित नहीं हो सका है कि चन्द्रमा की उत्पत्ति का मुख्य

कारण क्या है, परन्तु अपोलो १९६९ द्वारा लायी गयी चट्टानों से यह अनुमान किया गया है कि चन्द्रमा लगभग ४×१०^{९} वर्ष पहले पृथ्वी की पकड़ में आ गया था।

चन्द्रमा के भीतरी तापमानों का अध्ययन करने से पता चलता है कि उसकी उत्पत्ति से प्रथम २×१०^{१२} वर्षों में उसका ऊपरी प्रावरण पर्याप्त रूप से द्रवित हुआ। उसके पृष्ठ से ज्वालामुखी फूटे और फिर पृष्ठ की मोटाई भी बढ़ने लगी। इसका लिथोस्फियर (स्थलमण्डल) प्रति $१०^{१२}$ वर्षों में २२० किलोमीटर मोटा होता चला गया। उसके बाद उसके प्राव-रण में पिघलने की क्रिया बन्द होने लगी और उसी के साथ ज्वालामुखियों का फूटना भी बन्द हो गया। वर्तमान युग में सम्पूर्ण चन्द्रमा ठण्डा हो रहा है। उसके अन्दर ७०० से १००० कि०मी० तक अभी भी पर्याप्त गर्मी है जिससे वहाँ के पदार्थ कुछ द्रवित अवस्था में हैं। चन्द्रमा की ओर भी गहराई में लौह (आयरन) या आयरन सल्फाइड के गलनांक से अधिक ताप है। अत: यदि उसके अन्दर कोड है और उसमें आयरन-आयरन सल्फाइड हैं यो वह पिघली हुई अवस्था में होगा।

इसके विपरीत पृथ्वी अपने विकास की चरम सीमा पर है। इसके लिथोस्फियर की मोटाई लगभग १०० किलोमीटर है। पृथ्वी में विवर्तनी हलचलों के कारण प्रतिवर्ष लगभग $१०^{२५}$ अर्ग भूकम्पीय ऊर्जा निकलती है जब कि चन्द्रमा निष्क्रिय है और उससे प्रतिवर्ष केवल $१०^{१३}$ अर्ग ऊर्जा निकलती है। पृथ्वी की तीन चौथाई चट्टानें ५० करोड़ वर्ष या उसके बाद की हैं। चन्द्रमा की चट्टानें ३.१६×१०^{१२} वर्ष पुरानी हैं। विवर्तनी हलचलों के कारण पृथ्वी अभी भी बदल रही है परन्तु चन्द्रमा ठण्डा हो रहा है।

मंगल ग्रह

बनावट : भूकम्प-विशेषज्ञों को आशा थी कि जुलाई १९७६ में अमरीका द्वारा छोड़े गये 'वाईकिंग' के मंगल पर उतरने के बाद उसके विषय में निश्चित सूचना प्राप्त हो सकेगी, परन्तु कई कारणों से भूकम्प-लेखी अपना कार्य नहीं कर पाये। पिछले वर्षों में 'मैरिनर' द्वारा भेजे गये

चित्रों से मंगल ग्रह के विषय में पर्याप्त जानकारी प्राप्त हुई है। मरिनर[9] ने मंगल की ८५% सतह का अध्ययन करके यह पता लगाया है कि उसमें ज्वालामुखी हैं, बड़ी-बड़ी कटकें (रिफ्ट) हैं और कई भ्रंश हैं जिससे उसकी विवर्तन अवस्था का प्रमाण मिलता है। मंगल के विषय में अधिकतर ज्ञान उसके अन्दर के तापमान का अध्ययन करने से हो सका है।

मंगल ग्रह के ऊपर ज्वालामुखी फटने से लावा जमा हो गया है जिनको निक्स ओलिम्पिकी, उत्तरी स्थान (स्पाट), मध्य स्थान एवं दक्षिणी स्थान कहते हैं। ४०० से ६०० किलोमीटर तक इनके व्यास हैं, पर इनकी ऊँचाई अनिश्चित है निक्स ओलिम्पिकी की ऊँचाई इसके आस-पासकी भूमि से २३ कि०मी० तक हो सकती है। मंगल के ऊपर लावा की श्यानता कम होने से बैसाल्ट हो सकते हैं। मंगल के उत्तरी पठारों में अव-साद हो सकते हैं जिनमें तमाम नालियाँ पायी जाती हैं। अनुमान है कि यह तुषार की परत के पिघलने या वृष्टि के कारण उत्पन्न हुई है। पृथ्वी की ही भाँति मंगल ग्रह में भी प्रावरण एवं कोड हैं।

उत्पत्ति : घनत्व व तापमान के माडेलों का अध्ययन करने से मंगल ग्रह की उत्पत्ति के सम्बन्ध में निम्न परिणाम निकलते हैं :

१. मंगल का कोड यदि आयरन या आयरन सल्फाइड का बना हुआ है तो इसके तापक्रम माडेलों से यह संकेत मिलता है कि इसके कोड एवं पृष्ठ की उत्पत्ति $१०^{१२}$ वर्षों में हुई होगी। इसका कोड द्रावित अवस्था में है और उसमें एक कमज़ोर द्विध्रुव चुम्बकीय क्षेत्र है। पृथ्वी की अपेक्षा इसकी चुम्बकीय तीव्रता कम है जिसका कारण यह हो सकता है कि मंगल का कोड छोटा हो और अधिक प्रतिरोधी पदार्थों से बना हो।

२. पिछले २×१०^{१२} वर्षों में इसके प्रावरण के सिलीकेटों में बड़े पैमाने पर हलचल हुई थी जब उसके साथ ही ज्वालामुखी भी फूट निकले और वाष्पीय पदार्थों से सतह पर गैस भी निकली।

३. इसके प्रावरण का घनत्व ३·७१—३·४४ ग्राम प्रतिघनसे० मी० है जिससे आयरन आक्साइड (२९%) के संकेत मिलते हैं।

उसमें आयरन शायद स्वतन्त्र अवस्था में न हो। रासायनिक माडेलों के अनुसार प्रावरण a में २५% गार्नेट, ७३% ओलिविन (Fo ५६) और २% आक्साइड (मैगनीशियम) आदि हो सकते हैं। तालिका-१५ में मंगल के प्रावरण में रासायनिक पदार्थों का विश्लेषण दिया गया है।

४ यदि ऊपरी प्रावरण में पानी हो तो उसके २०० किलोमीटर या उससे अधिक गहराई पर पदार्थ कुछ हद तक पिघले हैं।

५ मंगल ग्रह की उत्पत्ति का इतिहास चन्द्रमा व पृथ्वी के बीच का है और इसकी भी कार्यपरायण सक्रियता की सीमा पीछे पिछले $१०^{१२}$ वर्षों में पहुँच चुकी है।

शुक्र ग्रह

इसका भार एवं घनत्व पृथ्वी से मिलता जुलता है अतः दोनों की बनावट भी एक-सी हो सकती है। इसका कोड भी पृथ्वी के बाहरी कोड जैसा ही हो सकता है, परन्तु अभी यह अनुसन्धान का विषय है और आगे चलकर कभी उपग्रहों द्वारा इसे हल किया जा सकेगा। तब तक हम लोग मंगल के विषय में और जानकारी भूकम्पलेखियों द्वारा प्राप्त करने की आशा कर सकते हैं।

तालिका-११

पृथ्वी और अन्य ग्रहों के कुछ आँकड़े

ग्रह	भार $१०^{१८}$ टन	अर्धव्यास किलोमीटर	आयतन $१०^{९}$ $(कि०मी०)^{३}$	घनत्व (ग्राम घन से०मी०)	गुरुत्वीय त्वरण
पृथ्वी	५९७५	६३७१	१०८३	५.५२	९८१
चन्द्रमा	७३.५	१७३८	२२	३.३४	१६३
मगल	६.४	३३८५	१६३	३.९५	३८९
शुक्र	४८६०	६१००	९५०	५.१२	८७४

तालिका-१२

अल्सेप स्टेशन

	स्थिति		तारीख
अपोलो १२	३.०४° द०,	२३.४२° प०	१९-११-१९६९
अपोलो १४	३.६५° द०,	१७.४८° प०	५-२-१९७१
अपोलो १५	२६.०८° उ०,	३.६६° पू०	३१-७-१९७१
अपोलो १६	८.९७° द०,	१५.५१° पू०	२१-४-१९७२

तालिका-१३

चन्द्रमा पर टकराने वाली वस्तुएँ

वस्तुएँ	तारीख	गति (किलोमीटर प्र० से०)	भार (किलोग्राम)
LM-१२	२०-११-१९६९	१.६८	२३८३
LM-१४	७-२-१९७१	१.६८	२३०
LM-१५	३-८-१९७१	१.७०	२३८५
LM-१७	१५-१२-१९७२	१.६७	२२६०
S४B-१३	५-४-१८७०	२.५८	१३,९२५
S४B-१४	४-२-१९७१	२.५४	१४,०१६
S४B-१५	२९-७-१९७१	२.५८	१३,८५६
S४B-१६	१९-४-१९७२	—	—
S४B-१७	१०-१२-१९७२	२.५५	१४,४८७

तालिका-१४

'पी' तरंगों द्वारा वेग-माडेल

गहराई (किलोमीटर)	'पी' तरंगों के वेग (किलोमीटर प्रति सेकेण्ड)	घनत्व (ग्राम घन से०मी०)
०.०	०.५	२.०
१.०	०.५	२.०
१.०	४.०	३.२
४.०	४.६	३.२
७.०	५.१	३.२
१०.०	५.४	३.२
१५.०	५.८	३.२
२०.०	६.१	३.२
२०.५	६.२	३.२
२१.२५	६.७८	३.०
५४.५	६.७	३.०
५७ ५	८.२	३.४
६५.०	८.६	३.४
२०० ०	८.८	३.४

तालिका-१५

मंगल के प्रावरण में रासायनिक पदार्थों का विश्लेषण

पदार्थ	रासायनिक सूत्र	भार (प्रतिशत)
ग्रोसुलेराइट	$Ca_3Al_2(SiO_4)_3$	१३ ३१
आल्मेंडाइट	$Fe_3Al_2(SiO_4)_3$	४.७३
पायरोप	$Mg_3Al_2(SiO_4)_3$	६.९६
फ़ायलाइट	Fe_2SiO_4	३२.४१
फ़ोर्सटेराइट	Mg_2SiO_4	४०.६७
आक्साइड	Fe_3O_4	०.३०
	FeO	०.८२
	MgO	०.८०

१४

भारतीय वेधशालाएँ एवं अन्तर्राष्ट्रीय सहयोग

भारत में भूकम्प-विज्ञान

भूकम्प-विज्ञान का अध्ययन भारत मौसम विज्ञान विभाग में १८९८ से प्रारम्भ हुआ जब असम में १८९७ का विध्वंसक भूकम्प हो चुका था, और भूकम्पलेखी बनाये जा चुके थे। भारत में इसी वर्ष मिल्ने नामक प्रथम यन्त्र कलकत्ता में लगाया गया। उसके बाद ही १८९९ में कोलाबा (बम्बई) व मद्रास में भी भूकम्पलेखी लगाये गये। १९०५ में काँगड़ा भूकम्प होने के बाद ही ओमोरी एविंग नामक भूकम्पलेखी शिमला में लगाये गये। १९३४ का बिहार-नेपाल भूकम्प आने के कुछ वर्षों बाद आगरा में भी वेधशाला खोली गयी जो १९४१ से वहाँ पर बन्द करके दिल्ली में चालू की गयी। १९५० में पूना में भूकम्प विज्ञान की एक नयी शाखा का जन्म हुआ। इसके बाद ही भूकम्पलेखियों में समय अंकित करने के लिए लोलक घड़ियाँ बनायी जाने लगीं। १९५० के असम भूकम्प के बाद शिलांग में भूकम्प-विशेषज्ञ का पद सरकार ने नियत किया, और कुछ नयी वेधशालाएँ खोली गयीं। १९५८ में नयी दिल्ली में भूकम्प-विशेषज्ञ

के पद को बढ़ाकर निदेशक का दर्जा दिया गया और प्रथम निदेशक पद पर डॉ० अमरनाथ टण्डन नियुक्त हुए, जिनकी अध्यक्षता में भूकम्प-वेधशालाओं की न केवल संख्या में वृद्धि हुई वरन अन्वेषणात्मक कार्य भी प्रारम्भ किये गये।

इस समय भारत मौसम विज्ञान विभाग में २२ स्थायी वेधशालाएँ हैं जो पुस्तक के अन्त में दी गयी हैं। इनके अतिरिक्त १९६८ से हैदराबाद में एवं १९६५ से गौरीबिदनौर (बेंगलोर) के पास भी वेधशालाएँ कार्य कर रही हैं। इस समय भारतीय भूकम्प वेधशालाओं की सहायता से साधारणतया ५.० परिमाण के भारतीय भूकम्पों के उत्केन्द्र आदि का पता लग जाता है, परन्तु इनसे छोटी क्षति वाले भूकम्पों का पता केवल कुछ स्थानों पर ही लग पाता है। इसको ध्यान में रखकर योजना आयोग ने १९७२ में यह सुझाव दिया कि पूरे भारत में वेधशालाओं की संख्या में वृद्धि करके १०३ कर दिया जाये जिससे भारत में कहीं भी ४·० परिमाणवाले भूकम्पों के उत्केन्द्र आदि का पता लग सके।

जैसा कि हम पहले पढ़ चुके हैं, अधिकतर वेधशालाओं में फोटोग्राफिक कागज़ पर ही भूकम्प रिकार्ड किये जाते हैं और प्रतिदिन ७ बजे के लगभग पुराने चार्ट हटाकर नये चार्ट लगा दिये जाते हैं। इसके बाद ही विश्लेषण करके भारतीय वेधशालाएँ अपने आँकड़े टेलीप्रिन्टर व तार आदि के द्वारा दिल्ली भेज देती हैं। दिल्ली वेधशाला, जो दिल्ली विश्वविद्यालय के पास पहाड़ी पर स्थित है, में चौबीस घण्टे कोई-न-कोई वैज्ञानिक सहायक ड्यूटी पर रहता है। वहाँ पर एक यन्त्र इस प्रकार का लगाया गया है जिसमें कलम और स्याही की सहायता से भूकम्प रिकार्ड किये जाते हैं। अतः भूकम्प की सूचना तुरन्त लग जाती है। केवल एक ही जैसे दिल्ली वेधशाला के आँकड़े से केवल यही बतलाया जा सकता है कि भूकम्प कितनी दूर हुआ और उसका क्या परिमाण था। उसकी दिशा का ज्ञान तभी हो सकता है जब P तरंगों के आगमन की दिशा तीन भूकम्पलेखियों द्वारा देखे जा सकें और यह अवसर विभिन्न कारणों से दुष्कर होता है।

भारत में अस्थायी वेधशालाएँ

जहाँ कहीं भी बांध अथवा ऐसे निर्माण-कार्य, जो भूकम्पों से प्रभावित हो सकते हैं, चलाये जाते हैं वहाँ पर भूकम्प-वेधशालाएँ खोलना आवश्यक हो जाता है। इस प्रकार पांग व पाण्डो बाँधों के आसपास १० वेधशालाएँ काम कर रही हैं जो लगभग १·० परिमाण तक के छोटे भूकम्पों के उत्केन्द्र निकालने में सफल रही हैं। इससे ३५ मिलीमीटर फिल्म में भूकम्प रिकार्ड किये जाते हैं। इन यन्त्रों का जापान से निर्यात किया गया था। भारत में इस प्रकार की वेधशालाएँ निम्न स्थानों में हैं :

१. पांग, २. नूरपुर, ३. ज्वालामुखी, ४. मुकेरियाँ, ५. डलहौजी, ६. धर्मशाला, ७ कुल्लू, ८. घग्घर (चण्डीगढ़), ९. शिमला, और १०. सुन्दरनगर।

गगा व यमुना घाटी योजना के अन्तर्गत नरेन्द्रनगर, टिहरी और रूद्रप्रयाग में इसी प्रकार की वेधशालाएँ कार्य कर रही हैं। विशाखापट्टनम में लोहे के कारखाने स्थापित करने के सिलसिले में येलमंचिली, मदुगुला और विजयनगरम में भी वेधशालाएँ खोली गयी हैं। इनके अतिरिक्त कोयना बाँध के चारों ओर कोयना, सतारा, महाबालेश्वर, चिपलून, पोफली आदि की वेधशालाओं ने कोयना के पास के भूकम्पों के कारणों को समझने में बड़ी सहायता की है। दिल्ली के पास की वेधशालाएँ सोनीपत, रोहतक व सोहना में हैं जिनसे राजधानी की भूकम्पनीयता का अध्ययन किया जा रहा है। कुछ विश्वविद्यालयों में भी भूकम्प-वेधशालाएँ हैं, जिनमें रुड़की, वाराणसी और कुरुक्षेत्र की वेधशालाएँ उल्लेखनीय हैं। सम्पूर्ण भारत में इस समय लगभग ५५ वेधशालाएँ हैं जिनमें से ४० भारत मौसम विज्ञान विभाग द्वारा चलायी जा रही हैं।

अन्तर्राष्ट्रीय सहयोग

हम भलीभाँति जानते हैं कि तूफान व भूकम्प-जैसी प्राकृतिक विपदाएँ राजनैतिक सीमाओं से परे हैं। उदाहरण के लिए एक विध्वंसक भूकम्प यदि भारत की सीमा से कुछ दूर किसी पड़ोसी देश में हो, तो उसके प्रभाव

यहाँ भी महसूस होंगे। हम पढ़ चुके हैं कि उत्केन्द्र आदि का सही-सही पता लगाने के लिए सभी दिशाओं में स्थित देशों का सहयोग आवश्यक है जिससे वे सारे देश अपनी वेधशालाओं के आँकड़े और विवरण मुख्य केन्द्रों को भेज सकें। इसके अतिरिक्त यदि विभिन्न देशों की वेधशालाओं में एक ही प्रकार के यन्त्र हों तो भूकम्प का परिमाण निकालने में बड़ी सहायता मिलेगी।

भूकम्प-विज्ञान के अन्तर्राष्ट्रीय सहयोग की दिशा में संयुक्त राष्ट्र की वैज्ञानिक एवं सांस्कृतिक परिषद का विशेष महत्त्व है। इसकी सहायता से १९६३ में पीरू सरकार के सहयोग से लीमा में एक केन्द्र खोला गया जिसमें १९७० के दौरान आठ दक्षिण अमरीकी देशों ने भाग लिया। १९६३ से १९७२ के बीच इसी अन्तर्राष्ट्रीय संगठन की सहायता से जापान में ४१ देशों के २०० वैज्ञानिकों एवं इंजीनियरों को ट्रेनिंग दी गयी। जुलाई १९६३ में स्काप्जे (यूगोस्लोविया) में इंजीनियरों की ट्रेनिंग के लिए एक केन्द्र खोला गया, जिसमें रुड़की से डॉ० जयकृष्ण, डॉ० ए० एम० आर्या एवं डॉ० चन्द्रशेखरन भाषण देने के लिए जा चुके हैं। १९६४ में बड़े भूकम्पों के बाद ही संयुक्त राष्ट्र संगठन ने १६ बार अपने विशेषज्ञों को विभिन्न देशों में भूकम्प का अध्ययन करने के लिए भेजा। इससे भूकम्पों के कारण एवं उनके प्रभाव को समझने में विशेष सहायता मिली है।

१९७० से बालकन अध्ययन दल कार्य कर रहा है जिसमें ग्रीस, टर्की, रूमानिया, बुलगारिया एवं युगोस्लाविया के सहयोग से वहाँ की भूकम्पनीयता के बारे में विस्तृत सूचना प्राप्त हो सकी है। इसी प्रकार का दूसरा अध्ययन दल दक्षिणी-पूर्वी एशिया में १९७३ से कार्य कर रहा है, जिसमें फिलीपीन, इण्डोनेशिया, मलयेशिया एवं थाईलैण्ड देश शामिल हैं। इन दोनों क्षेत्रों के बीच की अल्पाइड पट्टी में भूकम्पनीयता का अध्ययन करने के लिए तुर्की, ईरान, अफगानिस्तान, पाकिस्तान, नेपाल, भारत एवं बर्मा को सम्मिलित करते हुए एक दल के गठन का प्रश्न चल रहा है।

फरवरी १९७६ में संयुक्त राष्ट्र संघ के निमन्त्रण पर विभिन्न देशों के प्रतिनिधियों ने पेरिस सम्मेलन में भाग लिया, जिसमें भूकम्पों के विभिन्न

पहलुओं पर विचार प्रकट करते हुए कुछ महत्त्वपूर्ण सुझाव दिये गये जिनसे भूकम्पों के भयानक परिणामों को कम करने में विशेष सहायता मिलेगी।

अन्तर्राष्ट्रीय प्रायोजनाएँ

अब तक तीन अन्तर्राष्ट्रीय प्रायोजनाएं चल चुकी हैं जिनमें भारत की विभिन्न संस्थाओं का भी प्रमुख योगदान रहा। वे प्रायोजनाएँ इस प्रकार हैं :

१. अन्तर्राष्ट्रीय भूगर्भीय वर्ष (आई० जी० वाई०) : यह १९५७ ई० से प्रारम्भ किया गया था जिसमें पृथ्वी की आन्तरिक बनावट का अध्ययन किया गया। भारत मौसम विज्ञान विभाग के अन्तर्गत चल रही बोकारो वेधशाला में भी अधिक आवर्त-काल के कुछ नये भूकम्पलेखी लेमाण्ट ज्योलाजिकल वेधशाला (अमरीका) द्वारा लगाये गये थे।

२. ऊपरी प्रावरण प्रायोजना (यू० एम० पी०) : १९६४ से यह कार्यक्रम प्रारम्भ किया गया था जिसका मुख्य ध्येय पृथ्वी के ऊपरी प्रावरण की बनावट के अध्ययन पर अधिक जोर देना था। इससे प्लेट विवर्तनी सम्बन्धी कुछ महत्त्वपूर्ण परिणाम प्राप्त हुए। इसके द्वारा ज्वालामुखी के फूटने एवं भूकम्प-पूर्वानुमान के संकेत के विषय में भी अधिक ज्ञान प्राप्त हो सका है।

३. अन्तर्राष्ट्रीय भूपरिवर्तनी प्रायोजना (आई० जी० वाई०) : यह कार्यक्रम १९७३ से प्रारम्भ हुआ है। इसका मुख्य ध्येय प्लेट विवर्तनी आदि से सम्बद्ध विषयों का गहन अध्ययन करना है। भूकम्पों के कारणों की अधिक-से-अधिक जानकारी प्राप्त करने की चेष्टा की जा रही है। लेखक एवं उसके सहयोगियों ने स्पष्ट रूप से यह पता लगाया है कि हिमालय के क्षेत्र में प्लेट विवर्तनी माडेल में कुछ परिवर्तन करने की आवश्यकता है।

इस प्रायोजना के अन्तर्गत भूगर्भ-शास्त्र की अन्य शाखाओं—जैसे : गुरुत्वाकर्षण, ऊष्मा बहाव, चट्टानों की आयु (भूविज्ञान द्वारा) आदि—से भी परिणाम निकालकर पृथ्वी के परिवर्तनों अथवा हलचलों के विषय में अन्वेषण किये जा रहे हैं।

भूविज्ञान परीक्षण विभाग, अमरीका

१९६३ से अमरीका के भूविज्ञान परीक्षण विभाग ने विश्व में अनेक भूकम्प-वेधशालाएँ खोलीं जिनमें एक ही तरह के यन्त्र कार्य कर रहे हैं। भारत में इस प्रकार के सुग्राही यन्त्र दिल्ली, पूना, शिलांग, कोडैकेनाल एवं कलकत्ता में कार्य कर रहे हैं। इन वेधशालाओं से भूकम्प-सम्बन्धी अनुसन्धानों में विशेष सहायता प्राप्त हुई है। इन सभी वेधशालाओं के रिकार्ड अमरीकी केन्द्र को भेजे जाते हैं जो ३५ मिलीमीटर फिल्म पर लिये जाते हैं। अमरीकी केन्द्र जो आँकड़े व विवरण प्राप्त करता है उन्हें वह उन वैज्ञानिकों के पास भेज देता है जिन्हें अनुसन्धान-कार्य के लिए उनकी आवश्यकता होती है। इन वेधशालाओं के अतिरिक्त रूस एवं चीन से भी इस केन्द्र को आँकड़े व विवरण भेजे जाते हैं, जिनकी सहायता से भूकम्पों के उत्केन्द्र आदि का सही ज्ञान प्राप्त करने में सुगमता होती है।

जब भी कोई बड़ा अथवा विध्वंसक भूकम्प होता है उसी समय अमरीकी भूकम्प-विशेषज्ञ कम-से-कम समय में भूकम्प के उत्केन्द्र आदि निकालकर प्रेस को दे देते हैं। इसके अतिरिक्त सूनामी की चेतावनी भी दे दी जाती है। पृथ्वी पर प्रत्येक वर्ष ६.५ परिमाण से अधिक के लगभग ४० भूकम्प होते हैं, जिनकी सूचना विश्व के सभी देशों को समय पर दे दी जाती है।

अन्तर्राष्ट्रीय भूकम्पकेन्द्र, इंगलैण्ड

इस केन्द्र का विश्व में सबसे अधिक महत्त्व है। यद्यपि अमरीका, रूस एवं भारत आदि देशों द्वारा भूकम्पों के उत्केन्द्र की सूचनाएँ समय-समय पर प्रकाशित की जाती हैं, परन्तु इंगलैण्ड के इस केन्द्र में संसार के सभी देश अपनी वेधशालाओं की बुलेटिनें भेजते हैं, जिनका संगणकों द्वारा प्रयोग करने पर भूकम्प के उत्केन्द्र व उनकी नाभिकीय गहराई आदि का अधिक सही ज्ञान प्राप्त होता है। भूकम्प-विशेषज्ञों के अनुसन्धान से सम्बन्धित कार्य के लिए यह विवरण सबसे अधिक लाभदायक होता है। भूकम्प के लगभग डेढ़ वर्ष बाद इस केन्द्र से छपी हुई बुलेटिन प्रकाशित होती है

जिसमें उस भूकम्प के सम्बन्ध में सारी सूचनाएँ रहती हैं। यह बुलेटिन प्रति मास छपती है।

वेधशालाओं का निर्माण

भूकम्प के अध्ययन के लिए वेधशालाओं का निर्माण ऐसे स्थानों पर किया जाता है जहाँ पर मजबूत चट्टानें हों, जिससे भूकम्पलेखी अधिकाधिक आवर्धन पर कार्य कर सकें। स्थल के चयन में निम्न बातों का ध्यान रखना पड़ता है।

१. वह समुद्रतट, झील, नदी व झरनों से पर्याप्त दूर हो।

२. उसके आस-पास सड़कें, खेत व मिलें आदि न हों।

३. बिजली व पानी की यथासम्भव व्यवस्था हो।

आजकल एक नयी वेधशाला के लिए कार्यालय एवं कर्मचारियों के रहने आदि के मकानों के निर्माण-कार्य में लगभग तीन लाख रुपये खर्च होते हैं और यन्त्रों के लिए भी लगभग एक लाख रुपये की व्यवस्था करनी पड़ती है।

वेधशाला में भूकम्पलेखी को रखने के लिए पृथ्वी को उस गहराई तक खोदा जाता है, जहाँ कड़ी चट्टान मिल सके। फिर उसके ऊपर सीमेंट, बालू एवं पत्थर के आधा इंच के टुकड़े १ : २ : ४ अनुपात में मिलाकर स्तम्भ बनाया जाता है, जो पृथ्वी की सतह से ढाई फीट ऊपर रहता है और उसी पर भूकम्पलेखी को रखा जाता है। पृथ्वी की सतह से ढाई फीट नीचे तक इसके चारों ओर ६ इंच की मोटाई में बालू भर दी जाती है। इसका उद्देश्य यह होता है कि यदि कोई व्यक्ति कमरे में चले तो उससे उत्पन्न पृथ्वी-कम्पन भूकम्पलेखी को कम-से-कम प्रभावित कर सके। यदि फोटोग्राफिक कागज़ का प्रयोग किया जाये तो कमरे में पूरी तरह अँधेरा करना पड़ता है।

अक्सर यह प्रश्न किया जाता है कि भूकम्पलेखी कितनी दूर तक के भूकम्पों को रिकार्ड कर लेता है। यह इस बात पर निर्भर करता है कि भूकम्पलेखी का प्रावर्धन कितना है। तालिका-१६ में विभिन्न परिमाणों

व उत्केन्द्र से दूरी के अनुसार भूकम्पलेखी के प्रावर्धन दिये गये हैं। उदाहरण के लिए यदि उत्केन्द्र की दूरी १०० किलोमीटर हो और कम-से-कम २.० परिमाण के भूकम्प रिकार्ड करने हों, तो भूकम्पलेखी का प्रावर्धन १७,५०० रखना पड़ेगा।

तालिका-१६

उत्केन्द्र से दूरी एवं परिमाण के अनुसार भूकम्पलेखी का प्रावर्धन

दूरी	परिमाण					
कि. मी.	४·५	४·०	३·५	३·०	२·५	२·०
१००	५६	१७५	५६०	१७५०	५६००	१७,५००
२००	१७५	५६०	१७५०	५६००	१७,५००	५६,०००
३००	५६०	१७५०	५६००	१७ ५००	५६,०००	१७५,०००
४००	१७५०	५६००	१७,५००	५६,०००	१७५,०००	५६०,०००
५००	२८००	६०००	२८,०००	६०,०००	२८०,०००	६००,०००
६००	४५००	१५,०००	४५,०००	१५०,०००	४५०,०००	१.५००,०००

परिशिष्ट-I

भारतीय भूकम्पों की सूची

(क) कश्मीर व पश्चिमी हिमालय

क्रमांक	तारीख	उद्गम समय घं० मि० ग्रीनविच समय	उत्केन्द्र अक्षांश, देशान्तर (उ०) (पू०)	परिमाण	मृतक-संख्या/क्षति
१.	६.६.१८२८	—	श्रीनगर के पास	(६)	१०० व्यक्ति मरे व १२०० मकान नष्ट
२.	३०.५.१८८५	—	३४.६°, ७४.४	(७)	६००० व्यक्ति मरे
३.	४.४.१९०५	००-५०;	३२.५°, ७६.५°	(८.५)	१९००० व्यक्ति मरे
४.	२८.२.१९०६	—	३२°, ७७°	(७)	तमाम व्यक्ति मरे

५.	२२.६.१९४५	१८-००;	३२.६°, ७५.९°	(६)	चम्बा भूकम्प
६.	१०.७.१९४७	१०-१९;	३२.६°, ७५.९°	(६)	भदरवा के पास क्षति
७.	२.९.१९६३	०१-३४;	३३.९°, ७४.७ (श्रीनगर, बडगाम)	(५.३)	७९ व्यक्ति मरे, ४०० घायल
८.	२०.२.१९६७	१५-१८;	३३.७°, ७२-५° (अनन्तनाग)	(५.७)	
९.	१६.१.१९७३	२१-३१	३३.२, ७२.७ (किश्तवार)	(५.५)	
१०.	१६.१.१९७५	१०-१५	३२.४, ७८.४ (किन्नौर)	(६.८)	४४ व्यक्ति मरे

(ख) नेपाल व उसके आस-पास

क्रमांक	तारीख	उद्‌गम समय	उत्केन्द्र	परिमाण	मृतक-संख्या आदि
११.	१८०३	—	कुमायूँ	(६.५)	२०० से ३०० व्यक्ति मरे
१२.	२६.५.१८१६	—	३०°, ८६.५°	(७.५)	१०० से अधिक मकान नष्ट

१३.	२६.८.१८३३	—	२७.५°, ८६.५°	(७.५)	
१४.	१८.५.१८५२	—	कंचनजंगा श्रेणी	(६.५)	पर्वत श्रेणी का एक भाग गिर गया
१५.	२३.५.१८६६	—	काठमाण्डू के पास	(७)	काठमाण्डू का एक भाग नष्ट
१६.	७.७.१८६९	—	काठमाण्डू के पास	(६.५)	पर्याप्त क्षति
१७.	२८.८.१९१६	०६-२९	३०°, ८१°	(७.५)	धारचुला के सभी मकान नष्ट
१८.	१५.१.१९३४	०८-४३	२६.६°, ८६.८°	(८.४)	बिहार-नेपाल का विध्वंसक भूकम्प
१९.	३.१२.१९५३	१४-५४	३१.४°, ८५.६°	(६.७)	
२०.	४.९.१९५७	०६-४५	२८.३°, ८३.८°	(६.५)	
२१.	१४.४.१९५७	०७-११	३०.६°, ८४.२°	(६.५)	
२२.	२८.१२.१९५८	०५-३५	३०.०°, ८०.०°	(६.३)	काठमाण्डू के पास मकानों को क्षति
२३.	२७-६.१९६६	१०-४१	२९.७, ८०.९	(६.१)	८० व्यक्ति मरे, कई घायल

२४.	२२.६.१६६६	०१-३३	३०.६°, ७६.४°	(५.४)	केदारनाथ के पास क्षति

(ग) उत्तर पूर्वी हिमालय व असम

२५.	१०.१.१८६६	—	कचार	(७.५)	पृथ्वी कई जगह फट गयी
२६	१२.६.१८६७	—	शिलांग	(८.७)	१५४२ व्यक्ति मरे, शिलांग नष्ट
२७.	३१.८.१६०६	—	२७°, ६७°	(७.०)	शिवसागर के पास क्षति
२८.	१२.१२.१६०८	१२-५५	२६.५°, ६७.५°	(७.५)	श्रीमंगल के पास क्षति
२६.	६.६.१६२३	२२-०३	२५.३° ६१°	(७.१)	गौहाटी आदि में क्षति
३०.	१५.३.१६२७	१६-५०	२४ ५°, ६५.०	(६.५)	
३१.	२.७.१६३०	२१-०३	२५.८°, ६०.२° ढुबरी	(७.१)	ढुबरी, कूचबिहार, रंगपुर में भीषण क्षति
३२.	२.६.१६३४	०५-०४	२५.१°, ६४.७°	(६.५)	
३३.	२७.५.१६३६	०३-४५	२४.३°, ६४.१°	(६.७)	
३४.	२१.१.१६४१	१२-४१	२७.२°, ६२.०°	(६.७)	
३५.	२३.१०.१६४३	१७-२३	२६.८°, ६४.०°	(७.२)	
३६.	२६.७.१६४७	१३-४३	२८.८°, ६३.७°	(७.६)	डिबरूगढ़ में क्षति

३७.	१५.८.१९५०	२१-४२	२८.०°, ९५-८° (असम-तिब्बत)	(८.५)	भूकम्प से १५६ और बाढ़ से ५३२ व्यक्ति मरे
३८.	१६.८.१९५०	०५-३३	२८.८°, ९७.०°	(६.६)	बाढ़ से झटके
३९.	१६.८.१९५०	०६-४१	२८.६°, ९५.७°	(७.०)	"
४०.	१६.८.१९५०	१५-२९	२९.४°, ९७.४°	(६.६)	"
४१.	१६.८.१९५०	१७-५२	२७.५°, ९२.५°	(६.७)	"
४२.	१८.८.१९५०	०१-०८	२९.४°, ९५.८°	(६.५)	"
४३.	१८.८.१९५०	१६-५९	२९-४°, ९६.४°	(६.६)	,
४४.	२६.८.१९५०	०६-३३	२६.८°, ९५.१°	(७.०)	"
४५.	२.९.१९५०	१६-१५	२९.९°, ९६.६°	(६.५)	"
४६.	१३.९.१९५०	११-०७	२७.८°, ९५.३°	(७.०)	"
४७.	३०.९.१९५०	०७-२९	२८.७°, ९४.३°	(६.७)	"
४८.	८.१०.१९५०	०४-५०	२८.९°, ९६.१°	(६.६)	"
४९.	१८.११.१९५०	०७-१०	२८.९°, ९५.८°	(६.७)	"
५०.	३.१.१९५१	२१-१४	२९.०°, ९४.४°	(६.६)	"
५१.	१२.३.१९५१	१४-५२	२८.२°, ९४.५°	(६.५)	"
५२.	१७.३.१९५१	०७-२८	३०.९°, ९७.२°	(६.५)	"

५३.	२२.४.१९५१	०३-३८	२६.२°, ९४.३°	(६.५)	बाढ़ के झटके
५४.	१७.८.१९५२	१६-०२	३०.५°, ९१.५°	(७.५)	५५ व्यक्ति मरे, १५७ घायल
५५.	२३.२.१९५४	०६-४०	२७.८°, ९१.७°	(६.५)	
५६.	२१.३.१९५४	२३-४२	२४.२°, ९५.१°	(७.३)	असम में साधारण क्षति
५७.	१.७.१९५७	१९-३०	२४.४°, ९३.८°	(७.३)	
५८.	२२.३.१९५८	१०-१२	२३.५°, ९३.८°	(६.५)	
५९.	२६.७.१९६०	१०-४२	२६.६°, ९०.३°	(६.५)	
६०.	१२.७.१९६४	२०-१६	२४.९°, ९५.३°	(६.७)	
६१.	२९.७.१९७०	१०-१६	२६.०°, ९५.४°	(६.५)	
६२.	३.६.१९७५		२६.३°, ९७.१°	(५.१)	
६३.	२०.७.१९७५		२२.७, ९७.५	(६.५)	

(घ) गंगा नदी की तराई, राजस्थान व पंजाब

६४.	१५.७.१७२०		दिल्ली के पास	(६.५)	किले की दीवारें व कई मकान नष्ट
६५.	४.६.१७६४		गंगा नदी के किनारे	(६)	कई व्यक्ति मरे व मकान नष्ट

६६.	१.९.१८०३		मथ़रा के पास	(६.५)	मथुरा के पास भयानक क्षति
६७.	२६.४.१८४८		माउंट आबू के पास	(६)	माउट आबू व दिलवारा मन्दिर में क्षति
६८.	२३.५.१८६६		२४ˈ, ८७°	(५.३)	मुंगेर व जबलपुर में क्षति
६९.	१०.१०.१९५६	१५-३२	२८.२ˈ, ७७.७°	(६.७)	बुलन्दशहर के पास क्षति
७०.	२७.८.१९६०	१५-५९	२८.२ˈ, ७७.४°	(६.०)	नयी दिल्ली में साधारण क्षति, ५० व्यक्ति घायल
७१.	१५.८.१९६६	०२-१६	२८.७ˈ, ७८.९°	(५.८)	मुरादाबाद के पास क्षति
७२	६.११.१९७५			(४.७)	रुड़की व उसके पास क्षति

(ङ) कच्छ व कैम्बे

७३.	१६.६.१८१९		कच्छ	(८.५)	२००० व्यक्ति मरे
७४.	१९ से २५ अप्रैल		लुकपट के पास	(६.०)	कुछ विध्वंसक भूकम्प
७५.	२१.७.१९५६	१५-३२	२३.३ˈ, ७०.०°	(७.०)	अजेर के पास क्षति, ११५ व्यक्ति मरे, ४१४ घायल

(च) दक्षिणी पठार

७६.	२९.१.१८२२		वेलोर के पास	(५)	मकानों की छतें टूट गयीं
७७.	१.४.१८४३		बेलारी के पास	(५.५-६)	पूरे दक्षिणी पठार में दूर तक झटके महसूस हुए
७८.	१८.११.१८४३		२२°, ७५°	(५.०)	बुखानी में दीवालें गिर गयीं
७९.	८.२.१९००		१०.७°, ७६.७°	(६.०)	कोयम्बटूर के पास क्षति
८०.	२.६.१९२७	१६-३७	२४.०°, ८२.०°	(६.५)	डेहरी, जबलपुर व राँची में साधारण क्षति
८१.	१४.३.१९३८	००-४८	२१.६°, ७५.०°	(६.०)	भुसावल, खण्डरा, बड़ोदा व नासिक में क्षति
८२.	१०.१२.१९६७	२२-५१	१७.४°. ७३.९°	(६.५)	कोयना भूकम्प, १७७ व्यक्ति मरे, २२७२ घायल
८३.	१३.४.१९६९	१५-३५	१७.९°, ८०.६	(५.७)	भद्राचलम के पास क्षति
८४.	२३.४.१९७०	०१-५३	२१.७°, ७३.०° (ब्रड़ोज)	(६.०)	२६ व्यक्ति मरे, २०० घायल

(छ) अण्डमान-निकोबार द्वीप समूह

८५.	२६.६.१९४१	१५-५२	१२.४°, ९२.५°	(८.१)	अण्डमान द्वीप के मकानों में क्षति, पोर्टब्लेयर में पानी भर गया
८६.	१७.५.१९५५	१४-५०	६.७°, ९३.७°	(७.०)	
८७.	१८.६.१९५७	१४-४८	१४.५°, ९५.७°	(६.७)	
८८.	१६.११.१९६२	२१-१०	१३.५°, ९३.२°	(६.२)	पोर्टब्लेयर में कुछ मकान नष्ट
८९.	१४.२.१९६७	०१-३६	१३.७°, ९६.५°	(६.८)	

परिशिष्ट-II

८.५ परिमाण या उससे अधिक शक्ति के भूकम्प

तारीख	उद्गम-समय घं० मि० (ग्रीनविच समय)	उत्केन्द्र अक्षांश, देशान्तर (डिग्री)	स्थान	परिमाण
१२.६.१८९७	११-०६	२६.० उ०, ९१.० पू०	भारत	८.७
५.८.१८९७	००-१२	३८.० उ०, १४३.० पू०	जापान	८.७
२०.९.१८९७	१९-०६	६.० उ०, १२२.० पू०	मिण्डनाओ	८.६
२१.९.१८९७	०५-१२	६.० उ०, १२२.० पू०	मिण्डनाओ	८.७
१०.९.१८९९	२१-४१	६०.० उ०, १४०.० पू०	एलास्का	८.६
२२.८.१९०२	०३-००	४०.० उ०, ७७.० पू०	सिक्यांग	८.६
४.४.१९०५	००.५०	३३.५ उ०, ७६.५ पू०	भारत	८.६

२३.७.१९०६	१५-३६	१.० उ०, ८१.५ प०	कोलम्बिया	८.९
३१.८.१९०६	००-४०	३३.० द०, ७२.० प०	चिली	८.६
१६.६.१९१०	०६-३०	१९.० द०, १६९.५ पू०	न्यूहाइब्रिड	८.६
३.१.१९११	२३-२५	४३.५ उ०, ७७.५ पू०	न्येनशान	८.७
१५.६.१९११	१४-२६	२९.० उ०, १२९.० पू०	रियुक्यू	८.७
२४.११.१९१४	११-५३	२२.० उ०, १४३.० पू०	मेरियाना द्वीप	८.७
१.५.१९१७	१८-२६	२९.० द०, १७७.० प०	कर्माडेक	८.६
२६.६.१९१७	०५-५०	१५.५ द०, १७३.० प०	सामोआ	८.७
१६.१२.१९२०	१२.०५	३६.० उ०, १०५.० पू०	चीन	८.६
७.३.१९२९	०१-३५	५१.० उ०, १७०.० प०	एल्यूशियन	८.६
२.३.१९३३	१७-३१	३९.३ उ०, १४४.५ पू०	जापान	८.९
१.२.१९३८	१८-०४	५.३ द०, १३०.५ पू०	बाँदा सागर	८.६
१०.११.१९३८	२०-१८	५५.५ उ०, १५८.० प०	एलास्का	८.७
११.१२.१९३९	२१-००	०.० उ०, १२३.० पू०	सेलबिसि	८.६
२६.६.१९४१	११-५२	१२.५ उ०, ९२.५ पू०	अण्डमान द्वीप	८.७
२४.८.१९४२	२२-५०	१५.० द०, ७६.० प०	पीरु	८.६
१५.८.१९५०	१४-१०	२८.५ उ०, ९६.५ पू०	भारत	८.७

६.११.१९५८	२२-५८	४४.५ उ०. १४८.५ पू०	क्यूराइल द्वीप	८.७
२८.३.१९६४	०३-३६	६१.१ उ०, १४७.६ प०	एलास्का	८.५
१६.५.१९६८	००-५०	४०.८ उ०, १४३.२ पू०	जापान	८.६

टिप्पणी—(i) भारतीय मानक समय निकालने के लिए ग्रीनविच समय में साढ़े पाँच घण्टे जोड़ने पड़ते हैं।

(ii) उ०=उत्तर, प०=पश्चिम, पू०=पूर्व, द०=दक्षिण।

परिशिष्ट-III

भारत में स्थायी वेधशालाएँ

स्थान	भूकम्पलेखी	प्रावर्धन
१. अजमेर	विद्युत चुम्बकीय	७५०००
२. अगरताला	विद्युत चुम्बकीय	५०००
३. भाखड़ा	विद्युत चुम्बकीय	५०००
	वुड एण्डरसन	१०००
४. बोकारो	प्रेस-एविंग	—
	स्प्रेंगनेयर (‡)	५०००
	वुड एण्डरसन	१०००
५. बम्बई	स्प्रेंगनेथर (‡)	५०००
	बेनियाफ	—
	विद्युत चुम्बकीय	—
६. कलकत्ता	स्प्रेंगनेथर (‡)	५०००
	मिल्नेशा	२५०
७. चतरा (नेपाल)	बेनियाफ	—
	वुड एण्डरसन	१०००
८. देहरादून	विल्सन लेमिसन	—

	वुड एण्डरसन	१०००
	मिल्नेशा	२५०
९. गोवा	विद्युत चुम्बकीय	१०,०००
	स्प्रेंगनेथर (‡)	५,०००
१०. कोडैकेनाल (तमिलनाडु)	बेनियाफ	५०,०००
	स्प्रेंगनेथर (प्रे० ए०)	१५००
	मिल्नेशा	२५०
११. मद्रास (तमिलनाडु)	स्प्रेंगनेथर (‡)	५०००
१२. नयी दिल्ली	बेनियाफ	५०,०००
	स्प्रेंगनेथर (प्रे० ए०)	१५०००
	वुड एण्डरसन	१०००
	विद्युत चुम्बकीय	—
१३. पोर्टब्लेयर (अण्डमान)	बेनियाफ	—
	वुड एण्डरसन	१०००
१४. पूना (महाराष्ट्र)	बेनियाफ	५०,०००
	स्प्रेंगनेथर (प्रे० ए०)	१५,००
	वुड एण्डरसन	१०००
	विद्युत चुम्बकीय	—
१५. सेहोर (मध्य प्रदेश)	विद्युत चुम्बकीय	५०००
	वुड एण्डरसन	१०००
१६. शिलांग	बेनियाफ	२,००,०००
	स्प्रेंगनेथर (प्रे० ए०)	३०००
	वुड एण्डरसन	१०००
१७. त्रिवेन्द्रम (केरल)	विद्युत चुम्बकीय	५०००
	स्प्रेंगनेथर (‡)	५०००

१८. तुरा (असम)	विद्युत चुम्बकीय	२५०००
१९. वाराणसी (उत्तर प्रदेश)	विद्युत चुम्बकीय	४५००
	वुड एण्डरसन	१०००
२०. विशाखापट्टनम (आन्ध्र प्रदेश)	विद्युत चुम्बकीय	६०००
	वुड एण्डरसन	१०००
	स्प्रेंगनेथर (‡)	५०००
	मिल्नेशा	२५०

टिप्पणी : विद्युत चुम्बकीय भूकम्पमापक यन्त्रों के आवर्त १.६ सेकेण्ड व धारामापियों के आवर्त ०.५ से लेकर १.५ सेकेण्ड तक रखे गये हैं। स्प्रेंगनेथर (प्रेस एविंग) में इन दोनों के आवर्त क्रमशः १५ सेकेण्ड व १०० सेकेण्ड रहते हैं। इनके अतिरिक्त चक्रवाती तूफानों की गति की दिशा जानने के लिए स्प्रेंगनेथर (‡) यन्त्रों में भूकम्पलेखी व धारामापी दोनों के आवर्त लगभग साढ़े सात सेकेण्ड रखे जाते हैं।

परिशिष्ट-IV

भारत में भूकम्प-अध्ययन-सम्बन्धी प्रमुख संस्थाएँ

१. भारत मौसम विज्ञान विभाग, नयी दिल्ली
२. भारत भूसर्वेक्षण विभाग, कलकत्ता
३. राष्ट्रीय भूगर्भीय अनुसन्धान केन्द्र, हैदराबाद
४. भाभा अणु अनुसन्धान केन्द्र, बम्बई
५. केन्द्रीय जलशक्ति अनुसन्धान केन्द्र, पूना
६. भारत सर्वेक्षण विभाग, देहरादून
७. रुड़की विश्वविद्यालय
८. वाराणसी विश्वविद्यालय
९. भारत खदान केन्द्र, धनबाद
१०. कुरुक्षेत्र विश्वविद्यालय
११. आन्ध्र विश्वविद्यालय, विशाखापट्टनम
१२. भारत तकनीकी संस्थान, खड़गपुर
१३. बंगाल इंजीनियरिंग कालेज, हावड़ा
१४. हिमालय भूविज्ञान वाडिया संस्थान, देहरादून
१५. भूकम्प अभियान्त्रिकी अनुसन्धान एवं प्रशिक्षण विभाग, रुड़की